2022年
中国植保减灾发展报告

2022 NIAN

ZHONGGUO ZHIBAO JIANZAI FAZHAN BAOGAO

农业农村部种植业管理司
全国农业技术推广服务中心 编

中国农业出版社
北 京

编 委 会

主　　编　潘文博　魏启文

执行主编　朱恩林　王福祥　王积军

副 主 编　王建强　刘万才　冯晓东　曾　娟
　　　　　郭永旺　朱景全

编写人员（按姓氏笔画排序）
　　　　　马　晨　王　胤　王云鹏　王凤乐
　　　　　王建强　王晓亮　王积军　王福祥
　　　　　卞　悦　冯晓东　朱晓明　朱恩林
　　　　　朱景全　任宗杰　任彬元　刘　杰
　　　　　刘　慧　刘万才　李　萍　李　跃
　　　　　李永平　杨清坡　张　帅　张熠玚
　　　　　陈冉冉　卓富彦　周　阳　赵　清
　　　　　赵守歧　姜　培　秦　萌　郭永旺
　　　　　黄　冲　常雪艳　曾　娟　潘文博
　　　　　魏启文

前 言
FOREWORD

2022年是我国植保植检工作创新发展、成效显著的一年。面对植保防灾减灾的严峻形势，农业农村部及各级人民政府农业农村部门坚决贯彻党中央、国务院决策部署，认真学习习近平总书记《论"三农"工作》和党的二十大报告，深刻领悟"两个确立"的决定性意义，充分认识到保障国家粮食安全的极端重要性，组织全国植保体系大力实施"两增两减"虫口夺粮促丰收行动，加强重大病虫害、重大植物疫情监测预警，加大绿色防控、农药减量化技术推广力度，积极组织开展防病治虫夺丰收行动和重大疫情阻截防控，及时有效地控制了迁飞性、流行性、区域性重大病虫害和检疫性有害生物重发态势，在保障农业丰收和国家粮食安全方面发挥了重要作用，为全年粮食总产再创历史新高发挥了重要支撑作用。

据统计，2022年全国农作物病虫害草鼠害发生面积57.47亿亩次，防治面积75.46亿亩次。经分析测算，因有效防控，挽回三大粮食作物产量损失1 445亿千克，占三大粮食作物总产的23.18%，比2021年多挽回产量损失16亿千克；三大粮食作物实际产量损失平均为4%，实现了病虫灾害损失控制在5%以内的目标。在推进农药减量增效方面，实施农作物病虫害绿色防控面积12.3亿亩，主要农作物病虫害绿色防控覆盖率达到52.0%，三大粮食作物实施专业化统防统治面积18.79亿亩次，统防统治覆盖率 43.6%，主要农作物农药利用率达到 41.8%，较好实现了农药使用减量化目标。

为总结、交流和宣传植保植检工作成效与经验，系统梳理、准确把握我国植保植检工作现状与发展趋势，不断推进植保植检工作高质量发展，农业农村部种植业管理司、全国农业技术推广服务中心在前两年工作的基础上，组织编写了《2022 年中国植保减灾发展报告》。希望本书的出版，能够为各地更好地开展植保植检工作提供借鉴，为有关部门研究决策提供参考。

本书在编写过程中，得到各省（自治区、直辖市）植保植检机构的大力支持和帮助，在此一并表示衷心的感谢！由于水平有限、时间仓促，本书可能存在不妥之处，谨请各位读者批评指正。

编　者

2023 年 3 月

目 录
CONTENTS

第一章
2022年度植保植检工作概述

　　2022年，小麦条锈病、小麦赤霉病、稻飞虱、水稻纹枯病、玉米南方锈病等重大病虫害总体发生较为平稳，草地贪夜蛾暴发危害势头有所减缓，但全国农作物病虫害总体发生种类多、面积大、范围广、危害重的局面没有改变，红火蚁、柑橘黄龙病等检疫性病虫蔓延危害，农田草害危害持续加重。面对植保防灾减灾的严峻形势，农业农村部及各级人民政府坚决贯彻党中央、国务院决策部署，认真学习习近平总书记《论"三农"工作》和党的二十大报告，深刻领悟"两个确立"的决定性意义，充分认识到保障国家粮食安全的极端重要性，组织全国植保体系大力实施"两增两减"虫口夺粮促丰收行动，加强重大病虫、重大植物疫情监测预警，加大绿色防控、农药减量化技术推广力度，积极组织开展防病治虫夺丰收行动和重大疫情阻截防控，及时有效地控制了迁飞性、流行性、区域性重大病虫和检疫性有害生物重发态势，在有效控制病虫灾害损失、保障农业丰收和国家粮食安全方面发挥了重要作用，为全年粮食总产再创历史新高、达到13 731亿斤①发挥了重要支撑作用。据统计，2022年全国农作物病虫害草鼠害发生面积57.47亿亩②次，防治面积75.46亿亩次。经分析测算，因有效防控挽回三大粮食作物产量损失1 445亿千克，占三大粮食作物总产的23.18%，比2021年多挽回产量损失16亿千克；三大粮食作物实际产量损失平均为4%，实现了病虫灾害损失控制在5%以内的目标。

---

① 斤为非法定计量单位，1斤=500克。全书同。——编者注
② 亩为非法定计量单位，15亩=1公顷。全书同。——编者注

一、植保植检工作监管指导及时高效

及时制定印发《2022年"两增两减"虫口夺粮促丰收行动方案》，先后12次召开防控工作视频会、现场会，组织各地实施重大病虫害大区联合监测、分区协同治理，坚决遏制重发危害。经各地试验和专家分析测算，挽回三大粮食作物产量损失1 445亿千克，同比增加16亿千克，实际损失4％，同比下降0.19个百分点，有力保障了粮食稳产丰收。

组织开展红火蚁春季、秋季集中防控行动，经防控发生面积同比减少6％，首次出现下降拐点。督促新疆及时扑灭扶桑棉粉蚧疫情，有效防范其传入棉田危害。针对广东发现外来入侵物种小火蚁，组织专家评估其对农业生产的影响，鉴于危害性不强，作出暂不作为检疫性有害生物管理的决定。同时，配合国家林业和草原局等联合印发十部门文件《关于进一步加强美国白蛾防控工作的通知》。

会同财政部下发明电，召开视频调度会，组织各地落实小麦"一喷三防"补贴政策，确保农时到、作业到、资金也到，实现喷防作业全覆盖。全国累计喷防作业面积4.79亿亩次，统一喷防占比达69％，增产、减损、提质效果显著。6月14日，向国务院有关领导报送的关于小麦"一喷三防"补贴政策全覆盖助力夏粮丰收的报告得到了韩正副总理的肯定性批示。

针对大豆玉米带状复合种植除草剂使用，召开专题研讨和培训会，制定印发了技术指导意见，提出"播后苗前土壤封闭为主、苗后茎叶喷施为辅"的对策措施，并组派6个调研指导组赴12个省份实地指导。针对黄淮海局部大豆"症青"发生严重情况，组织召开了大豆"症青"防控技术研讨视频会、现场会，制定印发防控指导意见，组织各地"治虫防病"，突出抓好大豆开花结荚期统防统治。针对冬油菜病虫害防控，组织开展防控技术大培训，基层农技人员等16.2万人在线参加，并制定印发防控指导意见和加强防控工作的通知，组织各地抓住治小、关口前移，压低来年发生基数。

聚焦生产环节，制定《全国豇豆减药控残专项整治行动方案》。以海南、广西等豇豆冬春季种植区为重点，成立绿色防控与安全用药专家指导组、建立10个豇豆病虫害绿色防控示范区等，开展豇豆农药残留问题集中攻坚整治行动。同时，继续在山东、广西等韭菜、芹菜主产区开展绿色防控技术示范和培训工作，着力提高技术到位率。

制定印发《到 2025 年化学农药减量化方案》。组织绿色防控"双百"行动，创建 120 个绿色防控整建制推进县，省部共建 100 个示范基地，集成推广技术模式 150 余套。组织统防统治提升行动，在 1 069 个粮食主产县遴选出 3 670 个专业化防治组织，加大扶持，引领统防统治规范化发展。2022 年全国农作物病虫害绿色防控、统防统治覆盖率分别达到 52.0%和 43.6%，同比分别提高 6 个和 1.2 个百分点。

按照中央国家安全委员会、农业农村部部委抓好安全生产有关要求，组织农药使用安全大检查活动。紧盯冬奥、"两节"等关键节点，加强农药安全使用指导。将科学安全用药培训纳入"我为群众办实事"实践活动事项，持续开展"百万农民植保技术培训"活动。专题召开农药安全使用视频会，要求逐级压实风险防范责任，全面梳理排查农药使用安全隐患，严密防范安全使用风险。

督促各地制定农药包装废弃物回收处理指导意见或实施方案，在黑龙江、江苏、广东等 6 省开展农药包装废弃物监测统计信息化建设、回收处理资源化利用试点，探索回收、运转、资源化利用以及包装物循环利用模式。2022 年种植业生产领域累计回收农药包装废弃物 4.89 万吨、处理 3.72 万吨，同比增加 20.4%和 22%，回收率达 70.4%、同比提高 11.8 个百分点。

二、农作物病虫害监测预警强基固本

按照党的二十大报告擘画的"全方位夯实粮食安全根基"的蓝图，全国农作物病虫害测报体系紧紧围绕"虫口夺粮"促丰收主责主业，以"当好岗哨、坚守前线"为己任，夯实制度基础，强化职能发挥，提升技术能力，引领专业发展，出色完成农作物重大病虫害监测预警任务。

牢牢把握 2021 年 12 月 24 日农业农村部令《农作物病虫害监测与预报管理办法》出台落地的大好时机，发布了农业行业标准《农作物病虫害监测设备技术参数与性能要求》（NY/T 4182—2022），印发《一类农作物病虫害监测调查方法》（农技植保〔2022〕68 号），拟定《全国农作物病虫害测报区域站建设方案》，初步形成了以《农作物病虫害监测与预报管理办法》为主轴、以《农作物病虫害监测设备技术参数与性能要求》《一类农作物病虫害监测调查方法》《全国农作物病虫害测报区域站建设方案》为抓手的测报公益性职能"三叉戟"支撑体系，为构建监测设备高效化智能化、监测调查规范化、信息报告制度化、监测网络一体化的精准监测预警体系奠定了制度基础。

紧密组织全国各级植保机构开展一类农作物系统监测和田间普查，召开全国农作物重大病虫害发生趋势会商会 5 次，发布一类农作物病虫害发生动态和趋势预报 25 期，并通过 CCTV-1 新闻联播后天气预报节目（4 期）、CCTV-7"三农早报"广播节目（25 期）以及全国农技推广网和微信公众号公开发布，准确发布长江流域麦区小麦条锈病沿江东扩、黄淮海主产麦区蚜虫重发、江南和长江中下游稻区二化螟大发生、华南沿海稻区夏末秋初"两迁"害虫迁入高峰等警报，起到了超前准备、时刻警惕、关键发动的作用。时时紧盯、周周调度，供稿形成种植业快报（病虫害防控专刊）34 期，先后向部领导、中办国办及时提供重大病虫害动态信息、趋势分析以及监测预警技术发展相关报告材料 21 次（期），为防控决策提供有力技术支撑。

首次牵头国家重点研发计划竞争性项目"农林草病虫害数字化精准监测预警技术体系构建与应用"，深入实施国家重点研发计划、国家自然科学基金和国际合作项目任务 9 项，深度参与监测预警关键共性技术攻关，引领测报体系迈入监测设备更新换代、预警技术跨越式发展的新时期。在全国层面推进智能虫情测报灯诱集效果和识别准确率验证，稻纵卷叶螟食诱与趋光特异性，草地贪夜蛾、劳氏黏虫和草地螟性诱、食诱等试验，开发应用兼具科学性和实用性的新型监测手段，"全国病虫害智能测报系统"成功入选第五届中国农民丰收节大国粮仓科技馆展览。组织开展稻瘟病、马铃薯晚疫病等互作决定型病害寄主品种抗性与病菌小种致病性关系的系统监测和采样测试，重塑基于"病害流行三角"的预报方法。整合升级草地贪夜蛾"天-空-地一体化监测预警平台"，无缝对接 500 余台高空灯、1 000 余台地面灯、2 万多个性诱捕器实时监测数据，实现 8 台昆虫雷达制式解算、联网运行以及图像识别和种群动态预测模型在线运行。"小麦条锈病大区流行预测模型"嵌入数字化系统，实现了 3—5 月冬麦区逐周月度扩散轨迹和重发区域模拟预测，成功预测并滚动验证了小麦条锈病"西南-鄂西南-江汉平原-沿江沿淮-黄淮华北麦区"的"不寻常"传播扩散路径。

三、农作物病虫害防控指导创新发展

按照农业农村部办公厅《2022年"两增两减"虫口夺粮促丰收行动方案》的工作

部署，全力做好重大病虫害防控技术指导工作。根据农时，制定印发粮食、油料及经济作物重大病虫害防控技术方案，以及黄淮海地区大豆"症青"防控技术指导意见等26个文件。制定大豆玉米带状复合种植病虫害防治技术指导意见和花生、向日葵等油料作物病虫害防控技术方案，有力支撑"大豆油料产能提升工程"等重点工作。组织召开小麦秋播拌种会、全国农作物病虫害防控总结及绿色防控视频会，举办第一届绿色防控高峰论坛，及时调度重大病虫害防控动态，推进防控工作有序开展。举办小麦、水稻、玉米及蔬菜病虫害绿色防控技术线上和线下培训班2期，培训技术骨干160多人。组织全国植保体系开展病虫防控技术指导"百千万"行动，在病虫害防控关键时期深入田间地头开展技术指导，列入农业农村部为群众办实事重点项目。据统计，全国各省级植保机构派出1393个指导组、29791人次，市县级植保机构派出27564个指导组、909778人次，组织观摩培训及农民田间学校4.11万场次，培训指导种植大户、家庭农场、合作社、农药经营者、专业服务组织以及农民413.1万人次，有力促进了防控工作开展，保障了粮食丰收。

在全国建立小麦、水稻、玉米、马铃薯和果菜茶病虫害绿色防控示范区25个，带动各地建立示范区3.3万多个，年核心示范面积3.75亿亩，带动绿色防控推广应用面积12.36亿亩，全国主要农作物病虫害绿色防控覆盖率达到52.0%，比2015年提高28.9个百分点。

以解决病虫害防控关键技术为抓手，不断提升技术支撑能力。针对小麦茎基腐病、小麦赤霉病、水稻螟虫防治难，以及防控技术不到位、损失较重等问题，组织植保体系研究防治关键技术，筛选特效药剂，集成全程配套技术方案，共开展新药剂、新技术试验20多项60多点次，为提高重大病虫害防治技术水平奠定了基础。围绕小麦条锈病、稻飞虱、番茄潜叶蛾等"十四五"国家重点研发计划项目实施，在试验明确主要防治技术的基础上，开展防控实用技术集成示范，总结提升、示范推广，不断提高重大病虫害防治技术水平。印发了《关于加强农作物病虫害防控效果与植保贡献率评价工作的通知》，制定了植保贡献率评价办法，首次组织全国17个省（自治区）的97个基层县（市、区）植保机构开展植保贡献率评价工作，经各地系统开展对比试验、抽样调查评估，2022年全国三大粮食作物病虫害（不包括草害、鼠害）防控植保贡献率为20.19%，为科学评估农作物病虫害防控成效提供了重要依据。

四、农药减量增效持续推进

紧紧围绕保障粮食和重要农产品稳定安全供给，以"绿色农药为方向，以安全用药为手段，以专业化服务为抓手，以农药减量化为目标"，加大高效低风险农药和先进施药机械试验示范推广，强化抗药性监测治理、科学安全用药培训指导、农田杂草和农区鼠害监测防控，推进专业化统防统治发展，全面支撑和服务植保防灾减灾，努力为农业绿色高质量发展做贡献。

组织协调国家救灾农药承储企业及时投放农药，为重大病虫应急防控用药提供保障。据统计，2022年累计投放农药制剂905吨，占储备总量的15.3%。针对1亿亩晚播小麦春季长势较弱现状，筛选推荐22种促弱转壮和提质增产农药产品，用于小麦田间管理和"一喷三防"，编印《冬春小麦病虫草害防治简明手册》，指导各地及时有效防控小麦病虫草害。及时制定大豆玉米带状复合种植除草剂使用技术指导意见，组织开展调研指导和考察交流活动。组织开展除草剂等示范性试验119个，安排试验的农药产品69种，集成出一批高效的病虫草害防治技术模式。

根据《农作物病虫害专业化防治服务管理办法》，下发《关于做好专业化防治组织建档立卡和统防统治调查统计工作的通知》，组织开展属地专业化防治组织建档立卡、动态管理。组织遴选了年服务面积在万亩以上的服务组织3 670个，承担政府购买防治服务。推进小麦"三病一虫"、水稻"三虫两病"、玉米"三虫两病"统防统治行动，2022年三大粮食作物实施统防统治面积为18.79亿亩次，统防统治覆盖率为43.6%，比2021年提高1.2个百分点。组织开展专业化"统防统治百强县"创建活动和星级服务组织认定工作，共评选出2021—2022年度全国农作物病虫害专业化"统防统治百强县"100个；初步认定全国农作物病虫害专业化防治星级服务组织300家。

持续推进农药减量增效。一是抓好农药药械试验示范。在粮油和重要经济作物上安排高效低风险农药产品试验150个，建立玉米、棉花等作物农药减量增效技术集成和综合解决方案示范22个，建立粮食作物健康与提质增产示范区48个，系统展示和评价不同用药集成方案的增产效果。开展22种老旧农药品种防治效果评价，调查218个登记年限在15年以上农药的防效，明确有79个药剂的使用效果达不到生产实际的要求。二是抓好抗药性监测治理。联合科研教学单位，持续开展主要农业有害生物抗药性监测与治理，设立监测点 100 余个，开展 30 余种重大病虫草害对 50 余种常用农药抗性的系统监测。发布《抗药性监测报告》，及时向农药企业通报抗性结果，减少向抗性地区销售已产生抗药性的农药。三是抓好科学安全用药培训。根据农业农村部办公厅"我为群众办实事"实践活动部署，制定"百万农民科学安全用药公益培训"实施方案，组织植保机构开展农药使用"安全大检查"活动。共组织农药企业开展线上线下培训 8.39 万场，培训 987.33 万人次。组织开展新型植保机械使用与维修技术培训活动 6 096 期，培训 16.83 万人。四是抓好农药利用率测试。联合中国农业科学院植物保护研究所和省级植保机构，开展全国水稻、小麦、玉米三大粮食作物采用喷雾法防治病虫害时的农药利用率测算，共调查了 213 862 个农户和 4 434 个防治组织的病虫害防治和农药使用情况。经测算，2022 年三大主要粮食作物的农药利用率为 41.8%，比 2020 年提高 1.2 个百分点。五是抓好农田杂草科学防控。组织开展除草剂试验 30 余个，开展杂草综合防控技术试验示范 15 项，建立杂草防控示范区 30 个。组织转基因耐除草剂玉米大豆用目标除草剂使用情况调查。形成了《大豆玉米带状复合种植除草剂使用情况调研指导的报告》《关于加强多花黑麦草防控工作的建议》《关于作物间除草剂药害情况分析》《转基因耐除草剂玉米大豆用目标除草剂登记试验工作总结》等报送材料。六是抓好农区鼠情监测防控。布放智能监测设备 342 台，推进鼠害物联网智能监测。安排生物和化学鼠药田间药效试验示范，建立示范区 14 个。

五、植物疫情监管防控持续加强

2022 年，植物检疫工作突出重点地区、重要环节，强化疫情风险分析、检疫监管和阻截防控，有效遏制了疫情传播、扩散和蔓延。

制定印发柑橘黄龙病菌等 5 种一类疫情监测调查方法，组织完善植物疫情监测点，加强监测调查，规范信息报送。针对红火蚁，农业农村部会同各地各部门紧密合作、上下联动，坚持"源头控制、协同联防、检防结合"，工作再加力、措施再加强，取得了初步成果。表现为发生面积减少、发生程度减轻、扩散速度减慢、支持保障增强的特点。制定水稻细菌性条斑病、玉米褪绿斑驳病毒病、马铃薯金线虫和大豆疫病防控技术方案，指导各地开展监测防控。召开 2022 年农业重大植物疫情防控现场会，分析研判疫情发生形势，安排部署阻截防控工作。在江苏、安徽、福建、海南开展水稻细菌性条斑病全程防控试验示范，在江西、广西开展柑橘病虫害全程防控技术试验，在甘肃开展梨火疫病药剂防控试验，在黑龙江开展大豆疫病防控药剂试验示范，引领带动当地科学组织防控。

全年共办理从国外引种检疫审批11 484批次，其中部级2 098批次，省级9 386批次。全年严格把关，驳回或要求修改有关申请319批次，100%按时办结、零投诉。引进种子9 337批次、4.26万吨，苗木2 147批次、15.2亿株。针对近年来国外引进种子、种苗批次逐年增加，有害生物传入风险进一步加大，外来有害生物入侵加快的严峻形势，年初印发《关于组织开展2022年度国外引进种苗隔离试种的通知》，明确隔离试种重点植物种类和疫情监测要求，加强对境外引进种苗的有害生物风险分析、预警和疫情监管。全国5家隔离场对原产自美国、澳大利亚、巴基斯坦等30多个国家的种苗开展隔离试种和检疫检测。对从乌拉圭、意大利和阿根廷等国家引进的苇状羊茅、扁穗雀麦等6种首次引进和高风险种苗开展引种风险评估；对乌灰翅夜蛾等潜在的危险性有害生物进行风险分析，为国外引种检疫审批和有害生物检疫管理提供技术支撑。加强产地检疫和调运检疫，水稻、玉米、小麦等主粮作物产地检疫面积基本达到全覆盖，全年签发产地检疫合格证6.0万份，产地检疫总面积3 194.8万亩，种子总质量1 399.1万吨，苗木总数量574.6亿株；全年共签发农业植物、植物产品调运检疫证书37.0万份，经检疫合格调运种子332.8万吨，苗木56.6亿株。

六、植保能力建设夯实基础

不断夯实植物体系和能力建设。农业农村部、中央机构编制委员会办公室联合出台了《关于加强基层动植物疫病防控体系建设的意见》，全年通过跟踪调度落实情况，组织召开文件要求推进落实视频会，布置推进基层队伍体系能力建设落实工作。截至2022年底，有20个省份出台了基层植物疫情防控能力建设实施方案，基层植保体系进一步增强。继续组织实施植物保护能力提升工程，累计投资5.5亿元，在重大病虫害发生源头区、迁飞流行过渡带等投资建设一批农作物重大病虫害监测预警、绿色防控和应急防治设施设备，提升了植保装备水平和能力。

完善一类农作物病虫害监测调查方法。依据或参照农作物病虫害测报调查技术规范国家标准或行业标准，结合农作物重大病虫害发生信息报送任务，制定了《一类农作物病虫害监测调查方法》。详细规定了系统监测、大田（重点）调查和信息报送的具体技术方法、内容和流程，为全国农作物病虫害监测区域站、全国植物疫情监测点、省级农作物病虫害监测重点站提供了技术要点和工作规范。制定发布《农作物病虫害监测设备技术参数与性能要求》《小麦茎基腐病测报技术规范》《棉花枯萎病测报技术规范》《小麦土传病毒病防控技术规程》《梨火疫病监测规范》和《草地贪夜蛾抗药性监测技术规程》等农业行业标准6项，进一步完善了植保植检标准体系。

构建了农作物病虫害防控植保贡献率评价体系。在多年试点探索的基础上，2022年，全国农业技术推广服务中心首次制定《农作物病虫害防控效果与植保贡献率评价办法（试行）》，组织全国重点省（自治区）100多个县（市、区）植保站系统开展了小麦、水稻、玉米三大粮食作物，以及蔬菜、果树等病虫害防控植保贡献率评价工作。经各地系统开展对比试验和抽样调查，结果显示，2022年全国小麦、水稻、玉米三大粮食作物病虫害（不包含草害和鼠害）防控植保贡献率为20.19%，全国蔬菜病虫害防控的植保贡献率为40.14%，北方果树病虫害防控植保贡献率苹果为35.57%，梨为44.38%。该项工作用科学翔实的数据，客观系统地反映了农作物病虫害发生的严重性，以及植保工作在减损增收、保障农业丰收中的巨大作用，为营造良好社会氛围、推进植保体系和能力建设起到积极作用。

第二章
农作物病虫害发生与监测

一、农作物重大病虫害发生概况与主要特点

（一）水稻主要病虫害

2022 年全国水稻病虫害总体偏轻发生，为近 10 年最轻年份。全国发生面积 6 176 万公顷次。其中，虫害发生面积 4 343 万公顷次，病害发生面积 1 833 万公顷次。

1. 稻飞虱

稻飞虱总体偏轻发生，为近 10 年最轻年份。全国累计发生面积 1 538 万公顷次，造成实际产量损失 43 万吨。

（1）**迁入期偏早，灯下虫量近 10 年最低。** 稻飞虱从 3 月初陆续迁入我国南方稻区，大部稻区迁入期比 2021 年早 3～18 天。全国 285 个水稻监测点的稻飞虱全年灯下累计诱虫量 188.1 万头，比 2021 年减少 23.5%，比 2012—2021 年均值减少 63.5%。其中白背飞虱诱虫量 114.3 万头，比 2021 年减少 14.6%，比 2012—2021 年均值减少 69.2%；褐飞虱诱虫量 73.8 万头，比 2021 年减少 34.1%，比 2012—2021 年均值减少 60.0%，褐飞虱占比同比减少 6.3 个百分点。

（2）**大部稻区田间发生轻于 2021 年。** 全国总体偏轻发生，明显轻于 2021 年。其中，华南稻区中等发生，广西早稻百丛虫量为 870～1 020 头，同比增加 17.7%～20.1%，广东晚稻百丛虫量为 690 头，同比增加 97.4%。江南稻区中等发生，湖南 7 月百丛虫量为 500～600 头，同比增加 5.7%～9.0%，江西、浙江百丛虫量为 100～600 头，明显轻于 2021 年。西南稻区偏轻发生，重庆 7 月百丛虫量仅为 2021 年同期的

28％，四川为近 20 年发生最轻年份。长江中下游和江淮稻区轻发生，百丛虫量低于 200 头，同比减少 30％～65％。

2. 稻纵卷叶螟

稻纵卷叶螟总体偏轻发生，为近 10 年最轻年份。全国累计发生面积 1 014 万公顷次，造成实际损失 34 万吨。

(1) 灯下虫量少于 2021 年，高于近 10 年平均值。 全国 285 个水稻监测点的稻纵卷叶螟全年灯下累计诱蛾量 38.1 万头，比 2021 年减少 52.8％，比 2011—2020 年平均值增加 29.3％。从逐月诱蛾动态来看，2022 年 3—9 月各月累计诱蛾量比 2021 年同期减少 44.2％～86.8％。

(2) 田间发生前轻后重，轻于 2021 年。 全国总体偏轻发生，轻于 2021 年，8—9 月受多个台风影响，华南中部、江南东部、长江中下游稻区虫量增长迅速。其中，华南稻区中等发生，广西亩幼虫量为 0.3 万～1.1 万头，同比减少 20％～46％，广东、福建 9 月亩蛾量为 600～700 头，同比增加 1～3 倍。江南稻区中等发生，湖南亩幼虫量一般为 2 000～5 000 头，同比减少 17.3％～63.9％，浙江沿海地区 9 月亩蛾卵量最高达 5 000 头、3.2 万粒。西南稻区偏轻发生，重庆 7 月亩幼虫量仅为 2021 年同期的 7％，四川为近 20 年发生最轻年份。长江中下游和江淮稻区偏轻发生，7 月亩幼虫量低于 400 头，同比减少 60％～82％，但 9 月安徽、江苏、上海幼虫量增长迅速，一般为 2 000～4 000 头。

3. 二化螟

二化螟总体偏重发生，江南、长江中下游稻区局部大发生，重于 2021 年。全国累计发生面积 1 284 万公顷次，造成实际损失 59 万吨。

(1) 冬后残虫量同比增加。 二化螟在各稻区冬后基数较高，华南、江南、长江中游稻区冬后基数同比偏高，广西、福建、江西、浙江、湖北亩残虫量为 3 000～8 200 头，同比增加 2～5 成，其中广西平乐等桂东北 7 个县亩残虫量高达 1.1 万头，同比增加 75.5％。江西安义、浮梁等赣北赣中稻区 11 个县亩残虫量最高超过 5 万头。安徽亩残虫量为 1 800 头，大多数地区冬后残虫基数较 2021 年持平或略偏高。

(2) 灯下诱蛾量同比偏高。 全国水稻 285 个监测点二化螟全年灯下累计诱蛾总量 89.5 万头，分别比 2021 年和 2012—2021 年平均值增加 2.7％和 1.2 倍。从逐月诱蛾动态看，4—6 月灯下虫量为 5.9 万～6.8 万头，7—9 月灯下虫量为 17.8 万～27.6 万头，其中

4月、7月、8月同比增加24.1%～70.4%，5月、6月、9月同比减少10.2%～31.0%。

（3）江南、长江中游稻区偏重至大发生，华南稻区呈明显上升趋势。田间以江南、长江中游稻区发生最为严重。湖南一代亩幼虫量为4 759头，同比增加27.1%，二至四代幼虫量为1 300～2 300头，同比持平略减少；江西枯鞘丛率2.5%～15.0%，枯心率0.1%～1.1%；浙江一、二代亩幼虫量为700～800头，三、四代世代重叠严重，亩幼虫量为1 500头；湖北一、二代亩幼虫量为810～860头，同比持平偏少，三代亩幼虫量为1 840头，同比增加13.3%。华南、东北稻区偏轻至中等发生。福建晚稻亩幼虫量为500头，同比增加51.3%；广东二化螟、大螟混合发生，上升趋势明显；黑龙江发生范围进一步北扩东移。

4. 水稻纹枯病

水稻纹枯病总体偏重发生，轻于2021年。全国累计发生面积1 325万公顷次，造成实际损失59万吨。

（1）双季早稻区总体中等发生。华南早稻区发生期偏早、危害率偏高。其中，广西平均病丛率为37.7%，同比减少2.4个百分点，平均病情指数12.6，同比增加8.0%；广东5—6月平均病丛率为16.4%，平均病株率为11.7%。江南早稻区始见期偏早，6月病情发展迅速。湖南5月初田间始见病株，早于2021年，6月上旬进入流行盛期，7月适温高湿发生面积迅速上升，病丛率为21.2%、病株率为8.6%，同比持平略降低；江西5月病丛率为12%～33%、病株率为5%～10%，6月病丛率为25%～46%、病株率为8%～21%。

（2）单季稻区发生差异大。由于各稻区水稻栽插期不一，因此各地发病始见期差异大。江南、江淮和长江中下游稻区总体偏重发生，病丛率一般为7%～24%，高的达40%～65%。西南稻区中等发生，病株率一般为4%～15%，高的达100%，重发区域集中在贵州东部和北部、云南南部和重庆南部等地。东北稻区偏轻发生，逐年加重趋势明显，辽宁盘锦、黑龙江中南部稻区及东部垦区发生较重。

（3）双季晚稻区偏重发生。华南稻区偏重发生，发生轻于2021年。广西平均病丛率为32.1%，同比减少11.0%，平均病情指数12.5，同比减少5.6%；广东晚稻前期降雨多发病早，病丛率一般为15%～18%。江南稻区中等发生，受持续高温干旱影响，田间发生轻于2021年。湖南平均病株率为6%，同比减少35.5%，平均病情指数为2.7，同比减少42.6%；江西8月病丛率一般为2%～10%，病株率一般为0.7%～

2.6％，9月病丛率一般为17％～40％，病株率一般为5％～13％；浙江平均病丛率和病株率均低于2021年同期，为近5年发生最轻年份。

5. 稻瘟病

稻瘟病总体偏轻发生。全国累计发生面积220万公顷次，造成实际损失18万吨。

(1) 华南稻区中等发生。华南早稻区，受4—5月持续阴雨气候影响，早稻叶瘟发生重，病叶率一般为1％～11％，部分地区的感病品种上发生较重，海南南部万宁市、保亭县，北部定安县，中部琼中县绝收约500亩；华南晚稻区病叶率一般低于5％，但病穗率一般2％～10％，广东廉江个别品种发病严重，约有300亩稻田失收。

(2) 西南稻区中等发生，局部老病区、感病品种发病较重。西南稻区平均病叶率一般低于10％，平均病穗率一般低于5％，但贵州北部、东南部和中南部的老病区、优质稻品种种植区和四川局部糯稻品种发病严重，最高达80％～100％。

(3) 江南稻区偏轻发生。江南稻区田间见病晚、发病轻。湖南早稻始发期较2021年偏晚3～7天，早、晚稻病株率为1.9％～2.2％，同比减少20.8％～42.9％；中稻病株率为1.5％，同比减少37.5％。江西早稻病叶率一般为0.1％～1.1％，病穗率一般为0.2％～1.3％，老病区和感病品种偏重发生；中、晚稻病叶率一般为0.1％～0.8％，主要在吉安、九江、抚州等老病区零星发生。

(4) 长江中下游和江淮稻区偏轻发生。长江中下游和江淮稻区8月下旬至9月上旬水稻抽穗扬花期高温少雨，不利于稻瘟病发生，病叶率一般为0.4％～2％，病穗率一般为0.1％～2％，明显轻于2021年。

(5) 东北稻区偏轻发生，轻于2021年。辽宁病叶率一般为1％～3％，锦州重发，病叶率达90％以上，但后期穗颈瘟轻发生。吉林偏轻发生，主要在长春、松原、吉林、通化、白城、四平等地发生。黑龙江轻发生，主栽品种稻瘟病抗性有较大幅度提升，发病风险等级较高、高和极高的品种占45.5％，较2019年下降了38.6个百分点。

6. 南方水稻黑条矮缩病

南方水稻黑条矮缩病总体轻发生。全国累计发生面积7.7万公顷次，造成实际损失0.8万吨。其中，华南稻区轻发生，广东主要在粤西历史病区和粤北中造田上发生，海南主要在北部澄迈、东南部琼海、南部陵水和万宁零星发生。江南稻区轻发生，湖南由于全省加强中、晚稻药剂拌种工作，拌种比例超过95％，病丛率一般为0.3％～5.2％，病株率为0.1％～3.1％。

（二）小麦主要病虫害

2022年小麦病虫害总体偏轻发生，其中纹枯病、白粉病、茎基腐病中等发生。小麦病虫害全国发生面积4 177.5万公顷次，比2021年减少18.7%。其中，病害发生面积为2 060.1万公顷次，比2021年减少27.6%；虫害发生面积为2 117.4万公顷次，比2021年减少7.6%，比2017—2021年均值减少41.2%。

1. 小麦蚜虫

小麦蚜虫总体中等发生，其中华北局部麦区偏重发生。全国发生面积1 106.9万公顷次，造成产量实际损失46.9万吨。

（1）苗蚜数量低。四川射洪、蓬安等地秋苗调查，平均虫田率7.9%，轻于常年。2月下旬至3月，气温波动大，多次的降温过程压低了虫量。拔节期调查，西南麦区平均百株蚜量42～278头，低于2021年同期的99～800头，湖北、安徽、江苏、河南、山东平均百株蚜量7～257头，低于2021年同期的13～65头。

（2）4—5月发展较快。4月中下旬，随气温稳定回升，主产麦区蚜虫进入发生盛期。5月初统计，全国发生面积765.0万公顷次，比4月初增加2.3倍，平均百株蚜量河南、山东、河北、山西、陕西为92～330头，略低于2021年同期，河南、山东局地最高百株蚜量超过1万头。

（3）造成危害轻。黄淮、华北麦区积极开展防治，减少了蚜虫造成的损失。山东、河北大面积推广应用种衣剂包衣技术，压低蚜虫基数，实施小麦"一喷三防"，有效地压低了麦蚜的虫口密度。5月下旬，山东、山西、河南、河北平均百株蚜量78～304头，低于2021年的89～700头。河南防治面积346.6万公顷次，达发生面积的1.6倍，挽回产量损失73.81万吨。

2. 小麦条锈病

小麦条锈病总体偏轻发生，全国发生面积79.6万公顷，为2001年以来发生面积最小年份；共计19个省（自治区、直辖市）149个市（州）649个县（市、区）见病，同比减少241个县（市、区）。

（1）秋苗发生面积小、总体病情轻。受播期推迟、气温偏低等因素影响，小麦条锈病秋苗西北主发区偏轻发生。截至2021年11月30日，甘肃、宁夏、青海等3省（区）8市（州）26个县见病，发生面积4.6万公顷，为2010年以来发病面积最小的一年，比 2020 年同期减少 79.4％，比 2016—2020 年均值减少 72.7％。其中甘肃陇南、天水、平凉、定西、临夏 5 市（州）20 个县见病，发生面积 3.8 万公顷，除中部的定西市发生较重外，大部偏轻发生。定西市平均病田率 44.7％，海拔 1 800 米以上地区多以发病中心为主，部分田块普遍发病。宁夏、青海零星见病。

（2）冬繁区越冬菌源少，西南病情扩展慢。 截至 2022 年 1 月 20 日，陕西省仅咸阳市兴平市、宝鸡市陈仓区、汉中市略阳县查到病叶，菌源基数是 2010 年以来最低年份；湖北 1 月 12 日在荆州市江陵县首见病，始见期早于 2019 年，比常年晚近 30 天；河南冬季未见病。西南麦区云南省见病较早，11 月 2 日在昆明市东川区始见病，比 2021 年提前了 21 天，但受低温影响，扩散较慢；四川省各地始见期普遍较 2021 年推迟 20 天左右。截至 2 月底，汉水流域和西南麦区 6 省（市）105 个县见病，发生面积 1.9 万公顷，发生县数和面积分别比 2017—2021 年同期均值减少 38.9％和 74.9％。

（3）春季沿江扩展明显。 3 月上中旬，湖北沿江麦区病情扩展迅速，两周内见病县点由 6 个增加至 24 个，并迅速向东扩展。3 月 10 日河南南阳唐河县和安徽安庆宿松县同步见病，始见期接近河南常年，比安徽常年早 10～20 天。4 月中旬，安徽 20 个县见病，比河南同期多 6 个，与往年河南病情扩展更快的传播格局迥异，表现出新的传播路径。

（4）定局危害轻。 4、5 月黄淮、华北麦区气温偏高、降水偏少，一定程度抑制了病情的快速蔓延。陕西省发生盛期调查，发生县区大部为点片发生，全省发生田平均病叶率 1.2％；河南全省平均病田率 0.8％，平均病叶率 0.3％，平均严重度 7.2％；安徽全省平均病叶率 0.1％。截至 5 月底，全国冬麦区 18 个省份 620 个县发病 43.7 万公顷，发生县数和面积同比分别减少 26.9％和 89.2％。据植保专业统计，全年挽回损失和实际损失分别为 40.5 万吨和 5.6 万吨，比 2017—2021 年均值减少 69.5％和 74.4％。

3. 小麦赤霉病

小麦赤霉病偏轻发生，湖北江汉平原、四川盆地局部中等至偏重发生。全国预防控制面积为 2 644.2 万公顷次，为历年最大，最终全国发生面积 206.5 万公顷，比 2021 年减少 39.1％，比 2017—2021 年均值低 45.5％；造成实际损失 12.3 万吨，比 2017—2021 年均值减少 61.2％，共挽回损失 291.0 万吨，病害连年大流行趋势得到有效控制。

（1）菌源基数大、局部见病早。 赤霉病常发区连年重发，小麦与水稻、小麦与玉米常年轮作，田间秸秆存量大、带菌率高。河南、江苏、浙江、安徽、四川秸秆株带菌率为5％～10％，明显高于常年，满足病害大流行的菌源条件。安徽沿江的宿松县3月中旬首见病穗，见病时间接近大发生的2021年同期、早于常年；浙江4月初见病，较常年偏早20天；江苏5月初见病，见病时间较常年晚7天。

（2）小麦扬花期降水少、防控力度大，最终危害轻。 3月下旬至5月上旬，大部麦区气温偏低且未遇大范围连阴雨天气，赤霉病未造成大面积流行。抽穗扬花期，长江流域、黄淮麦区普遍气温偏低、降水偏少。四川射洪、蓬安、通江、成都双流，湖北京山、天门、荆门，安徽霍邱，河北馆陶平均病田率为6％～16％，江苏溧阳为40％，浙江海盐为100％。乳熟期，四川乐至，重庆梁平，湖北荆门、孝感等江汉平原北部麦区，安徽桐城，江苏溧阳，浙江湖州等沿淮和沿江麦区见病普遍，平均病田率均达70％以上，江汉平原北部、浙北局部麦区达100％。6月上旬定局调查，平均病穗率1％以下的发生面积占总发生面积的52.5％，20％以上的发生面积占0.7％，总体对小麦的产量和品质危害不大。

4. 小麦白粉病

小麦白粉病总体偏轻发生，河南东部和北部、云南西部局部偏重发生，安徽沿淮、淮北，江苏南部、沿海、里下河等地中等发生。全国发生面积482.1万公顷次，比2021年减少29.0％，比2017—2021年均值减少15.9％，是近30年来第二轻，仅重于轻发生的2019年。

（1）冬前菌源基数低。 秋苗期，河南仅安阳见零星病叶；陕西在渭北越夏区域见病，菌源基数低于2020年及近年同期，发生面积0.9万公顷，较2020年同期减少70.5％；山西省平均病叶率0.9％，较2020年和常年同期减少9个百分点；四川、宁夏等中西部省份零星见病。

（2）春季见病偏晚，病情轻于常年。 春季江淮、黄淮等麦区降水偏少，病情扩展较慢。江苏3月9日首次查见病株，较近年晚10天左右，河南3月上中旬在豫北始见，山东在4月中下旬始见，均较常年偏晚。拔节期，江苏、河南、四川平均病叶率0.2％～1.0％，安徽为0.2％以下，低于2021年和常年同期。4月底，全国发生面积132.6万公顷，比2021年同期减少50.8％。江苏、安徽平均病叶率为0.2％～0.8％，河南、山东、河北、陕西平均病叶率为1.7％～2.8％，低于2021年同期和常年。

（3）定局危害轻。 据定局调查，河南全省发生面积101.1万公顷，比重发的2021

年减少 45.2%；山东发生面积 126.4 万公顷，发生程度接近常年；安徽发生面积 12.1 万公顷，比 2021 年同期减少 62.3%，平均病叶率为 0.5%～3.2%；江苏发生面积 57.2 万公顷，发生程度为近 5 年最轻。

5. 小麦纹枯病

小麦纹枯病总体中等发生，其中，河南大部偏重发生。全国发生面积 713.9 万公顷，比 2021 年减少 3.0%，比 2017—2021 年均值减少 9.5%。

(1) 秋苗病情总体偏轻，黄淮局部偏重。 受秋汛晚播影响，纹枯病苗期病情轻于常年，苗情较差的黄淮局部麦区病情较重。平均病株率河南为 1.7%，与 2021 年持平，山东为 5%，高于 2020 年和常年均值，河北、山西为 1.1%，低于 2020 年和常年均值。全国秋苗发病面积 39.9 万公顷，为 2010 年以来秋苗发生面积最小的一年，比 2020 年同期减少 2.4%。

(2) 春季扩展先快后慢。 3 月，主产麦区降水偏多、气温偏高，病情扩展快，4—5 月大部主产麦区降水少，抑制了纹枯病的后期扩展。4 月底，全国发生面积 668.4 万公顷，比 3 月底增加 41.5%，平均病株率安徽、河南、山东为 9.2%～18.7%，河北、山西、陕西为 1.3%～3.2%。定局调查，河南、山东、河北发生面积分别为 267.1 万公顷、128.2 万公顷和 47.1 万公顷，接近常年均值，平均病株率为 4.2%～19.8%。

6. 小麦茎基腐病

小麦茎基腐病在黄淮、华北麦区总体中等发生，其中河南北部、山东西部和北部、河北南部局部麦区偏重发生。全国发生面积 275.5 万公顷，比 2019—2021 年均值增加 54.6%。

秋苗期调查，山东省部分地块已开始显症，鲁西南地区发病田病株率一般为 0.1%～6%，河北平均病株率为 0.36%，最高 5%（临西县、隆尧县）。返青期，河北、山西平均病株率为 1%～3%，山东平均病株率为 6.8%，重于 2021 年同期，鲁西南、鲁南、鲁西北、鲁北地区发病较重，平均病株率为 5%～19%。小麦拔节期，茎基腐病进入发生盛期，山西、河北、山东、河南发生面积 107.1 万公顷，比 1 个月前增加 46.9%，平均病株率河南、河北为 1.4%～3.5%，山东为 8.9%。定局调查，河南发生面积 82.2 万公顷，比 2021 年同期增加 23.7%，中北部麦区平均病株率较高，并有白穗率较高田块；山东发生面积 99.2 万公顷，平均病田率为 49.0%，平均病株率为 9.2%，其中聊城平均白穗率为 2.1%。

（三）玉米主要病虫害

2022年玉米病虫害总体中等发生，全国发生面积 5 895.1 万公顷，比 2012—2021年均值减少 14.67%。

1. 草地贪夜蛾

草地贪夜蛾总体中等发生，局部偏重至大发生，全国发生面积为 266.7 万公顷（按代次算），是 2019—2021 年均值的 2.1 倍。

（1）发生集中在西南、华南地区。据统计，西南、华南地区发生面积占总发生面积的 98.08%，江南和长江中下游占 1.81%，黄淮海等北方玉米主产区仅零星发生，只占 0.11%。

（2）北迁时间推迟，见虫范围明显减少。2021—2022 年冬季共出现 10 次冷空气过程，2022年2月全国平均气温为 −3.2℃，较常年同期（−1.3℃）偏低 1.9℃，为 2009年以来历史同期最冷；全国大部地区气温较常年同期偏低，其中华南、贵州等地气温偏低 2～4℃，部分地区偏低 4℃ 以上。西南华南等周年繁殖区受低温寒潮影响，虫源基数明显减轻，导致 2022 年草地贪夜蛾发生范围、北迁时间、见虫县数明显减少和偏缓。据统计，2022 年草地贪夜蛾集中迁入江南江淮时间为 6 月，比预期推迟 30 多天；迁入黄淮海等北方玉米主产区时间为 8 月，比预期推迟 30～45 天。2022 年见虫县数 909 个，比 2019—2021 年均值减少 493 个；发生北界为北京昌平（北纬 40.22°），比 2019—2021年发生北界的平均纬度偏南 1.08°。

（3）秋季集中为害晚播玉米。入秋后，东北、华北、西北春玉米和西南、华南、江南夏播玉米陆续收获，黄淮海夏玉米也处于灌浆乳熟期，不适宜草地贪夜蛾取食，造成的产量损失极小。在此期间，草地贪夜蛾主要集中危害长江流域和黄淮地区秋玉米或晚播夏玉米，田间虫量上升明显，局部地区出现点片集中危害现象。

2. 玉米螟

玉米螟全国发生面积 1 566.3 万公顷，比 2012—2021 年均值减少 24.4%。

（1）一代总体偏轻发生，局部中等至偏重发生。东北地区应用抗虫品种、赤眼蜂防治等技术，近几年一代玉米螟发生面积逐渐减少、发生程度减轻，田间花叶率在 10% 左右。局部重发地块雌穗被害率达到 60% 以上。河北 6 月下旬至 7 月上中旬达危害盛期，百株虫量一般为 1～8 头，最高 65 头（唐山乐亭县）；北京一代幼虫平均被害株率为 1.4%，最高被害株率为 37%。

（2）黄淮海地区二代偏轻发生。如河北全省一般被害株率为 2%～10%，高的 20%～30%，最高 60%，一般百株虫量 1～10 头，高的 10～30 头，最高 57 头；北京平均被害株率为 0.73%，最高被害株率为 5%，平均百株虫量为 0.67 头，最高 5 头。

（3）三代偏重发生，与桃蛀螟、棉铃虫混合发生。黄淮海大部平均虫株率为 30%～60%，最高百株虫量为 120 头。穗期玉米螟虫量普遍低于棉铃虫虫量，其中，河北博野平均百株虫量为 88.3 头，最高 98 头；北京平均被害株率为 5.3%，最高 32%，平均百株虫量为 10.9 头，最高 54 头。

3. 黏虫

黏虫全国发生面积 256.2 万公顷，比 2012—2021 年均值减少 37.6%。受虫源基数低和天气条件不利因素影响，2022 年总体发生程度、发生面积是近 10 年来最低的年份。

（1）二代总体偏轻发生，仅在东北、华北局部地块出现高密度田块。其中，山东全省平均百株虫量为 3.3 头，最高 87 头。北京平均幼虫密度为 0.07 头/米²，最高密度为 2 头/米²，其中密云区高密度地块约 200 亩，最高被害株率达 90%，百株虫量 20～30 头，防治后田间未查见残虫。河北全省玉米平均百株虫量为 1.1 头，一般 0.2～2 头，最高 14 头（唐山迁安市）；谷子田平均密度为 0.3～1.2 头/米²，最高 10 头/米²（承德县）。内蒙古中、东部点片发生，玉米、高粱田一般百株虫量为 0.1～10 头，最高 40 头，小麦、谷子田一般密度 0.2～5 头/米²，最高 21 头/米²。

（2）三代发生危害轻，仅山东局部出现高密度田块。全国总体轻发生，发生地块多为仅零星见虫，山东、河北、内蒙古、吉林等地一般百株虫量为 0.2～3 头，仅山东威海乳山在 8 月中旬查见偏重地块，平均百株虫量为 158 头，最高可达 300 头。内蒙古个别地块百株虫量为 22.5 头。

4. 棉铃虫

棉铃虫全国发生面积 660.0 万公顷，总体偏轻发生。

（1）二、三代轻发生。据各地调查，二代棉铃虫在黄淮海夏玉米田发生普遍，总体偏轻发生，发生程度与 2021 年相当，一般虫量较低；花生田、大豆田部分地块虫量较高，发生偏重。安徽、河北等地全省平均百株虫量均在 10 头以下，高的在 10～40 头之间。

（2）四代偏重发生。 四代棉铃虫总体偏重发生，发生程度重于2021年。8月下旬至9月中旬末危害高峰期，常和玉米螟、桃蛀螟混合蛀穗危害，部分地区虫量偏高。玉米田平均百穗虫量20头以下，但黄淮、华北、西北多地出现百株虫量60～80头的地块，最高百株虫量为107头。部分县区穗期虫害调查，棉铃虫量高于玉米螟虫量。

5. 玉米大斑病

玉米大斑病全国发生面积490.4万公顷，比2012—2021年均值增加4.0%。

（1）东北、华北地区发生较早。 各地调查玉米大斑病呈现发生早的特点，其中7月下旬辽宁朝阳、河北承德等地开始进入大发生，平均病株率为10%～20%，严重地块病株率大于50%。

（2）后期扩散速度快。 东北、华北地区受玉米大面积连作、栽培密度普遍偏高、品种抗病性不强因素影响，病害在适宜条件下蔓延较快。8月下旬至9月，内蒙古东部局部偏重发生，病株率一般为10%～30%，最高为80%，局部重发田块病株率达到100%，以旱地种植、长势弱的玉米病害发生严重。

6. 玉米南方锈病

玉米南方锈病全国发生面积198.9万公顷，比2012—2021年均值减少24.2%。

（1）黄淮海地区始见期晚。 黄淮海大部地区8月下旬至9月上旬陆续发现玉米南方锈病，较2021年晚1个月左右。初步分析原因，夏季（6—8月）仅有台风"暹芭"过境影响，对玉米南方锈病病源迁入不利；6—9月气温偏高、降水偏少，对病害发生不利。

（2）发生程度轻，明显轻于2021年。 受中后期晴好天气多影响，病害扩展慢，发生程度轻，发现地多为零星叶片发生，8—9月各地调查，一般病株率为1%～10%，病叶率为1%～2%；仅局部重发地块病株率超过60%，病叶率超过20%。其中，山东烟台9月26日病叶率达到67.73%，平均严重度18%，最重者达90%。

（四）马铃薯主要病虫害

2022年全国马铃薯主要病虫害总体中等发生，全国发生面积407.5万公顷次。其中，病害发生面积251.3万公顷，主要发生种类有晚疫病、早疫病、病毒病等；虫害发生面积156.2万公顷次，主要发生种类有二十八星瓢虫、蚜虫、地下害虫等。

1. 马铃薯晚疫病

马铃薯晚疫病总体中等发生，西南及武陵山区局部偏重发生，全国发生面积129.4

万公顷，是 2011 年以来发生面积较小的年份。

（1）西南及武陵山区局部发生较重。重庆平均病株率 41.9%，同比增加 8.4 个百分点，丰都、酉阳、奉节、巫山局部田块最高病株率达 100%；四川凉山局部重发田块平均病株率为 72.6%；云南平均病株率为 20%，同比增加 11.1%，东北、北部及中部局地重发；贵州一般病株率为 38%，局地重发田块达 100%；湖北低山平原产区平均病株率为 11.6%，最高 31%，中山及以上产区平均病株率约为 28.5%，最高 65%。

（2）北方产区病情偏轻。甘肃发生面积 13.71 万公顷，少于 2021 年及常年，是近 10 年来最少的年份；陕西北部产区平均病叶率为 6.1%，低于 2021 年的 10.0% 及近 5 年均值的 10.2%；宁夏发生面积为 1.9 万公顷，为近 10 年最少的年份；内蒙古平均病田率为 8%，平均病株率为 20%；山西发生面积为 3.1 万公顷，是近年来最少的年份，病株率一般为 2.2%～5%；河北张承地区平均病田率为 10%～30%，平均病株率为 5%～25%。

2. 马铃薯早疫病

马铃薯早疫病总体中等发生，全国发生面积 68.7 万公顷。河北发生盛期 7 月中旬调查，围场县平均病株率 5%，最高 30%；山西大同平均病株率为 8%，最高 20%，临汾病株率为 20%～40%，最高 60% 以上；甘肃定西部分田块病叶率为 100%，严重度为 30%，重于常年；宁夏发生重于 2017—2021 年，发生盛期 9 月中旬病株率为 100%。贵州西部、北部等地一般病株率为 35%，高的达 100%，重于 2021 年。

3. 马铃薯病毒病

马铃薯病毒病总体偏轻发生，全国发生面积 20.5 万公顷。各地推广脱毒薯种植、减少超代脱毒薯种植、健身栽培、传毒蚜虫防控等技术，病毒病在大部地区发生趋轻，但局部地区病株率相对较高。贵州大部产区均有发生，一般病株率为 10%，高的达 45% 以上；山西临汾病株率为 5%～20%，最高 30%。

4. 二十八星瓢虫

二十八星瓢虫总体偏轻发生，全国发生面积 18.3 万公顷。山西 6 月下旬进入发生盛期，太原一般田块被害株率为 30%～40%，严重达 60%～70%，被害叶率为 30%～50%，严重田块达 60% 以上，未拌种田有虫田块率 65%～80%，百株虫量 30～60 头，大同市百株虫量 398.3 头，最高 1 500 头；陕西始见期总体偏晚，轻于 2021 年，发生区域平均被害株率 7.85%，低于 2021 年的 13.03% 及近 5 年的均值 19.06%，百株虫量

8.3头，远低于2021年的34.99头及近5年的均值42.37头；辽宁平均虫株率3%～5%，重发田块达10%以上。

5. 其他病虫害

环腐病、黑胫病、疮痂病、炭疽病、地下害虫、蚜虫、豆芫菁等病虫害总体偏轻发生。其中，蚜虫偏轻发生，贵州主要发生在西部产区，一般百株蚜量180头，高的1 000头以上；宁夏5月31日始见，百株蚜量450头，始见期接近于历年，6月中旬高峰期有蚜株率74%，平均百株蚜量144头，最高1 024头。环腐病、黑胫病、疮痂病、炭疽病等病害零星发生，但在北方产区呈逐年加重趋势。

（五）油菜主要病虫害

2022年全国油菜主要病虫害总体中等发生，轻于常年。全国发生面积703.33万公顷次，接近2021年，比2017—2021年均值减少5.08%，其中虫害发生面积278.74万公顷次，病害发生面积424.59万公顷次。

油菜菌核病

油菜菌核病总体中等发生，呈连续5年逐年减轻的趋势。全国发生面积266.66万公顷次，同比减少2.15%，比2017—2021年均值减少4.95%，造成实际产量损失12.18万吨。

（1）发生区域集中。 发生区域主要为长江中下游地区，发生面积为203.76万公顷次，占全国发生面积的76.41%。其中湖南发生面积75.73万公顷次，占全国发生面积的28.40%；湖北发生面积65.08万公顷次，占全国发生面积的24.41%。

（2）湖南、湖北、安徽地区见病时间不一。 湖南田间子囊盘始见期比2021年晚9天，田间见病迟，子囊盘萌发较慢，萌发盛期子囊盘平均密度为每平方米3.34个。湖北、安徽多数地区于2月中旬后期始见子囊盘，较常年早，每平方米子囊盘数量为0.3～3.8个，局部老病区偏高达每平方米29个。

（3）江南局部地区发生偏重。 湖南西北地区偏重发生，发病高峰期全省平均叶病株率0.6%～43.1%，其中常德43.1%、张家界21.2%、怀化18.8%；全省平均茎病株率1.3%～21.1%，其中常德21.1%、怀化11.6%、张家界10.3%。湖北、安徽地区叶病株率一般为1.2%～8%，最高达14%，茎病株率一般为2.9%～12.2%，高的为11.1%～28%。江西临川等地局部茎病株率最高达63.3%。

（4）防控后危害损失降低。经有效防治，2022 年全国实际损失 12.18 万吨，比 2017—2021 年均值减少 10.1％，其中湖南、湖北实际损失分别为 3.41 万吨和 2.80 万吨，安徽实际损失为 0.89 万吨。全国挽回损失 60.29 万吨，其中湖南、湖北挽回损失分别为 13.62 万吨和 16 万吨。

（六）大豆主要病虫害

2022 年全国大豆病虫害总体偏轻发生，发生面积 809.40 万公顷次，较 2021 年增加 25％。其中，虫害发生面积 580.60 万公顷次，以大豆食心虫、大豆蚜、双斑萤叶甲、豆荚螟、甜菜夜蛾和棉铃虫为主；病害发生面积 228.80 万公顷次，以霜霉病、锈病为主。

1. 大豆食心虫

大豆食心虫总体偏轻发生，发生面积 125.53 万公顷次，接近 2021 年。发生区域集中在东北春大豆区，占全国发生面积的 75.1％，其中黑龙江省发生面积 88.28 万公顷次，占东北春大豆区发生面积的 93.6％；长江流域春夏大豆区发生面积 11.55 万公顷次，占全国发生面积的 9.2％，其中安徽、江苏发生面积分别为 4.16 万公顷次和 3.74 万公顷次，分别占长江流域春夏大豆发生区发生面积的 36.05％和 32.42％。

2. 大豆蚜

大豆蚜总体偏轻发生，发生面积 72.07 万公顷次，同比增加 26.55％。东北春大豆区、黄淮夏大豆区和长江流域春夏大豆区发生面积占比分别为 42.46％、20.19％和 12.64％，其中黑龙江省发生面积 27.24 万公顷次，占东北春大豆区发生面积的 89.02％。

此外，长江流域春夏大豆区和云贵高原春夏大豆区的大豆锈病，东北春大豆区和黄淮夏大豆区的大豆根腐病、霜霉病，黄淮夏大豆区的棉铃虫、甜菜夜蛾，黄淮夏大豆区、长江流域春夏大豆区和云贵高原春夏大豆区的豆荚螟，东北春大豆区的双斑萤叶甲发生较为突出。

（七）蝗虫

2022 年全国蝗虫总体中等偏轻发生，局部地区中等偏重发生，个别地区存在高密度点状分布。全国飞蝗发生面积 77.10 万公顷次，比 2021 年减少 4.80 万公顷次，北方农牧交错区土蝗发生面积 105.90 万公顷次，比 2021 年减少 8.72 万公顷次。

1. 东亚飞蝗

发生面积 73.02 万公顷次，同比下降 8.87 万公顷次，主要分布在河北、河南、山东、天津等黄河滩区以及环渤海湾沿海、华北内涝湖库部分蝗区等常发区，发生面积和发生程度呈下降趋势，最高密度为 12 头/米^2。

2. 西藏飞蝗

发生面积 3.85 万公顷次，同比增加 0.34 万公顷次，主要分布在西藏大部和四川甘孜、阿坝以及青海玉树等区域，在通天河、金沙江、雅砻江、雅鲁藏布江等河谷地带偏重发生，最高密度为 30 头/米^2。

3. 亚洲飞蝗

发生面积 0.22 万公顷次，同比下降 0.09 万公顷次，主要发生在新疆吐鲁番市托克逊县，阿勒泰地区阿勒泰市、布尔津县、哈巴河县、吉木乃县，最高密度为 8 头/米^2。

4. 土蝗

土蝗发生面积 105.90 万公顷次，比 2021 年减少 8.72 万公顷次，主要分布在新疆伊犁州、塔城地区以及内蒙古呼和浩特市、包头市、乌兰察布市等北方农牧交错区，以毛足棒角蝗、意大利蝗、西伯利亚蝗等为优势种群，最高密度为 340 头/米^2。

（八）农田杂草

我国农田杂草有 1 450 多种，严重危害的有 130 余种。2022 年全国农田杂草发生面积 9 813 万公顷次，比 2021 年增加 79 万公顷次。

1. 稻田杂草

稻田优势杂草主要有稗草、千金子等禾本科杂草，野慈姑、雨久花、水苋菜属、丁香蓼等阔叶杂草，2022 年发生面积 1 959 万公顷次。近几年，杂草群落的演替变化和多样性加剧，原先次要杂草逐渐上升为优势种群，如丁香蓼、耳叶水苋等在长江流域大面积暴发；多年生杂草发生危害逐年加重，如东北稻区的野慈姑、萤蔺、扁秆藨草，长江流域稻区的双穗雀稗、稻李氏禾、水竹叶等，多年生杂草逐渐成为优势杂草。

2. 麦田杂草

麦田优势杂草主要有节节麦、多花黑麦草、雀麦、看麦娘属、菵草等禾本科杂草，播娘蒿、猪殃殃、婆婆纳等阔叶杂草，2022 年发生面积为 1 634 万公顷次。近几年，旱旱轮作麦田禾本科杂草发展扩散蔓延速度加快，杂草群落逐渐由阔叶杂草为主演替为单、双子叶杂草混合发生群落，难防杂草节节麦、多花黑麦草、雀麦、婆婆纳等逐年加重；水旱轮作麦田适应轻简栽培的杂草如茵草、硬草、早熟禾、野老鹳草等发生逐年加重。

3. 玉米田杂草

玉米田优势杂草主要有马唐属、稗属等禾本科杂草，反枝苋、鸭跖草、苘麻等阔叶杂草，2022年发生面积为2 931万公顷次。近几年，杂草群落结构发生显著变化，东北地区鸭跖草、苘麻、野黍，黄淮海地区马唐、狗尾草、香附子等已成为玉米田恶性杂草；缠绕茎秆类杂草在各玉米主产区猛增，如萝藦、葎草、圆叶牵牛、打碗花等，严重制约玉米田全程机械化进程。

（九）农区鼠害

2022年，全国农田鼠害发生面积2 157万公顷，总体呈中等发生（3级），比2021年增加5%。其中农林、农牧交错地带，湖区、库区和沿江（河）流域，山区（半山区）以及种植业结构调整后种植中药材等经济作物的地区、稻田综合种养区、南繁育种基地等农区呈重发态势。全国农舍鼠害发生户数稳中有降，全年发生0.88亿户，比2021年减少2%，东北和西北局部地区农舍鼠密度偏高，影响当地农户正常生产和生活。

1. 北方农区鼠密度稳中有降，局部波动较大

（1）华北地区。北京农田鼠密度最高达2.5%，平均农田鼠密度为0.1%。天津农田鼠密度最高达2%，平均农田鼠密度为1.1%，农舍鼠密度最高达1.5%，平均农舍鼠密度为1.3%。河北农田最高鼠密度最高达8.2%，平均农田鼠密度为1.9%，农舍鼠密度最高达5.0%，平均农舍鼠密度为1.6%，重点发生区域为燕山山脉丘陵一带及张承农牧交错区、接坝地区等。山西平均农田鼠密度为0.4%，重点发生区域为沁水山区，褐家鼠和小家鼠为优势鼠种。内蒙古农田鼠密度最高达3%，平均农田鼠密度为1.9%，农舍鼠密度最高达5.0%，平均农舍鼠密度为1.2%，重点发生区域为呼和浩特市、包头市、巴彦淖尔市、鄂尔多斯市、乌兰察布市、锡林郭勒盟正蓝旗等地区，优势鼠种为黑线仓鼠和子午沙鼠。该区域大部分地区的鼠密度相比于2021年略有下降。

（2）东北地区。 辽宁农田鼠密度最高达 7.0%，平均农田鼠密度为 4.0%，农舍鼠密度最高达 9.0%，平均农舍鼠密度为 5.0%。吉林农田鼠密度最高达 7.6%，平均农田鼠密度为 4.3%，农舍鼠密度最高达 8.2%，平均农舍鼠密度为 4.6%。黑龙江农田鼠密度最高达 15.0%，平均农田鼠密度为 6.6%，农舍鼠密度最高达 29.6%，平均农舍鼠密度为 8.2%，害鼠种类以黑线姬鼠、小家鼠、褐家鼠、巢鼠为主，重点发生区域为哈尔滨、齐齐哈尔、佳木斯、鸡西等。该区域大部分地区的鼠密度相比于 2021 年有所下降。

（3）西北地区。 陕西农田鼠密度最高达 3.3%，平均农田鼠密度为 1.1%，农舍鼠密度最高达 5.5%，平均农舍鼠密度为 1.4%。甘肃农田鼠密度最高达 9.6%，平均农田鼠密度为 2.2%，农舍鼠密度最高达 5.2%，平均农舍鼠密度为 1.2%。青海农田鼠密度最高达 7.9%，平均农田鼠密度为 5.4%，农舍鼠密度最高达 8.5%，平均农舍鼠密度为 6.5%。宁夏农田鼠密度最高达 1.4%，平均农田鼠密度为 0.8%，农舍鼠密度最高达 2.5%，平均农舍鼠密度为 1.4%。新疆农田鼠密度最高达 15.3%，平均农田鼠密度为 4.1%，农舍鼠密度最高达 25.5%，平均农舍鼠密度为 4.9%。该区域大部分地区鼠密度与 2021 年相差不大。

此外，应用 TBS 技术监测捕获害鼠结果为：北京共捕鼠 322 只，与 2021 年基本持平；内蒙古科尔沁右翼前旗设置的 2 个 TBS 围栏捕鼠量 48 只，捕获率同比上升 40%；吉林省 5 个 TBS 围栏捕鼠量 261 只，捕获率同比下降 22.5%；青海设置的 144 个 TBS 围栏捕鼠量 6 247 只，捕获率同比上升 13%。

2. 南方农区鼠密度相对稳定，局部地区较高

（1）华东地区。 江苏农田鼠密度最高达 16.7%，平均农田鼠密度为 4.25%，农舍鼠密度最高达 10.7%，平均农舍鼠密度为 6.6%，淮北旱作区、江淮及淮北部分有囤粮习惯的农户为重点发生区域。安徽农田鼠密度最高达 5%，平均农田鼠密度为 1.6%，农舍鼠密度最高达 6%，平均农舍鼠密度为 1.9%。浙江农田鼠密度最高达 16%，平均农田鼠密度为 3.4%，农舍鼠密度最高达 21%，平均农舍鼠密度为 4.3%，山区、海岛、养殖场等地为重点发生区域。江西农田鼠密度最高达 6.6%，平均农田鼠密度为 2.1%，农舍鼠密度最高达 3.2%，平均农舍鼠密度为 1.6%。福建农田鼠密度最高达 10%，平均农田鼠密度为 3.1%，农舍鼠密度最高达 7.3%，平均农舍鼠密度为 3.2%，莆田市、龙岩市、南平市、宁德市等为重点发生区域。该区域中，江苏、安徽、浙江的鼠密度相比于 2021 年有所增长,江西、福建的鼠密度相比于 2021 年有所下降。

(2)华中地区。湖北农田鼠密度最高达 0.8%,平均农田鼠密度为 0.4%,农舍鼠密度最高达 1.4%,平均农舍鼠密度为 1%,丹江口市凉水河镇为重点发生区域。河南农田鼠密度最高达 4.7%,平均农田鼠密度为 2.6%,农舍鼠密度最高达 16.7%,平均农舍鼠密度为 2.9%。湖南农田鼠密度最高达 6.0%,平均农田鼠密度为 2.9%,农舍鼠密度最高达 7.5%,平均农舍鼠密度为 2.7%,湘南、湘西、洞庭湖区等地为重点发生区域。该区域大部分地区鼠密度与 2021 年相差不大。

(3)华南地区。广西农田鼠密度最高达 8.0%,平均农田鼠密度为 4.9%,农舍鼠密度最高达 9%,平均农舍鼠密度为 5.8%。广东平均农田鼠密度为 2.9%,珠江三角洲为重点发生区域。海南农田鼠密度最高达 16.0%,平均农田鼠密度为 7.6%,农舍鼠密度最高达 11.0%,平均农舍鼠密度为 3.2%。该区域中,广西、广东鼠密度相比于 2021 年同期有所下降,海南相比于 2021 年相差不大。

(4)西南地区。四川农田鼠密度最高达 5.5%,平均农田鼠密度为 1.95%,农舍鼠密度最高达 3.3%,平均农舍鼠密度为 1.6%。贵州农田鼠密度最高达 6.9%,平均农田鼠密度为 5.1%,农舍鼠密度最高达 6.5%,平均农舍鼠密度为 0.9%,余庆县、都匀市、安龙县、兴义市、水城区等县(市、区)为重点发生区域。云南农田鼠密度最高达 6.3%,平均农田鼠密度为 1.7%,农舍鼠密度最高达 5.1%,平均农舍鼠密度为 1.3%。西藏农田鼠密度最高达 6.9%,平均农田鼠密度为 4.5%,农舍鼠密度最高达 10.4%,平均农舍鼠密度为 6.8%。该区域大部分地区鼠密度相比于 2021 年有所下降。

此外,应用 TBS 技术害鼠捕获量为广西设置 1 个 TBS 围栏捕鼠量 135 只,捕获率同比上升 4%;贵州设置 37 个 TBS 围栏捕鼠量 2 496 只,捕获率同比下降 7%。

二、农作物病虫害监测预警设备与技术研发

(一)智能虫情测报灯诱集效果和识别准确率验证

为评价智能虫情测报灯对重大害虫的诱集能力、图片自动识别的科学性和有效性,全国农技中心继续在中国农业科学院植物保护研究所廊坊实验基地安排诱集效果和识别准确率验证工作。

1. 验证方法

智能虫情测报灯由浙江托普云农科技股份有限公司提供，灯管波长有3个，分别为365纳米、430纳米、545纳米的主峰，光控开关灯。根据诱集昆虫数量自动调整拍照时间，即当前后两张照片连续出现虫体堆积面积占照片总面积比率大于20％时，下次拍照自动缩减拍照间隔时间。拍照图片上传至云平台。验证时间为6月2日至10月6日，共127天。验证对象为普通黏虫、劳氏黏虫、草地贪夜蛾、草地螟、玉米螟、棉铃虫、二点委夜蛾、小菜蛾、斜纹夜蛾等黄淮海地区常见的9种目标害虫。

采用机器识别与人工鉴定比较的方法验证准确率。利用服务器中的害虫识别模型识别上传图片中的目标害虫，并计数。试验人员每天9：00前后收集灯诱昆虫虫体，对其中的目标害虫进行识别和计数，标注虫体完整情况，并对收集的各种目标害虫虫体进行拍照。同时对拍摄图片中的目标害虫进行识别与计数，并记录结果。将灯具采集的图片目标害虫人工识别计数虫量（A）、灯具诱集目标害虫虫体人工鉴定数量（B）、灯具自动识别目标害虫数量（C），采用以下公式分别计算灯具图片采集率（X）、灯具图片识别准确率（Y）。

$$X＝A/B×100\%$$

$$Y＝\{1－[ABS(C－A)/A]\}×100\%$$

2. 验证结果

（1）诱虫情况。该智能虫情测报灯验证的9种目标害虫中，未诱到劳氏黏虫，二点委夜蛾、棉铃虫、小菜蛾、普通黏虫、玉米螟、斜纹夜蛾、草地螟和草地贪夜蛾8种害虫出现数量不等的峰值，各种类诱虫数量有明显差异（图2-1至图2-8）。灯下峰日虫量小菜蛾、二点委夜蛾、棉铃虫分别为168、105、74头，玉米螟、草地螟、普通黏虫分别为48、19、11头，斜纹夜蛾和草地贪夜蛾分别为10头和1头。累计诱虫量小菜蛾、棉铃虫、二点委夜蛾为3 085、2 125、1 604头，玉米螟为573头，斜纹夜蛾、草地螟、普通黏虫分别为139、77、83头，草地贪夜蛾仅为4头（表2-1）。除目标害虫外，灯下还诱到盲蝽科（绿盲蝽、中黑盲蝽、苜蓿盲蝽、三点盲蝽等）、飞虱科（白背飞虱、灰飞虱等）、螟蛾科（稻纵卷叶螟、棉大卷叶螟、四斑绢野螟、桃蛀螟等）、夜蛾科（小地老虎、黄地老虎、八字地老虎、甜菜夜蛾、朽木夜蛾、甘蓝夜蛾、宽胫夜蛾等）、刺蛾科（绿刺蛾、黄刺蛾、扁刺蛾等）、舟蛾科（苹掌舟蛾、榆白边舟蛾等）、灯蛾科（红腹白灯蛾、稀点雪灯蛾等）共计40余种昆虫。

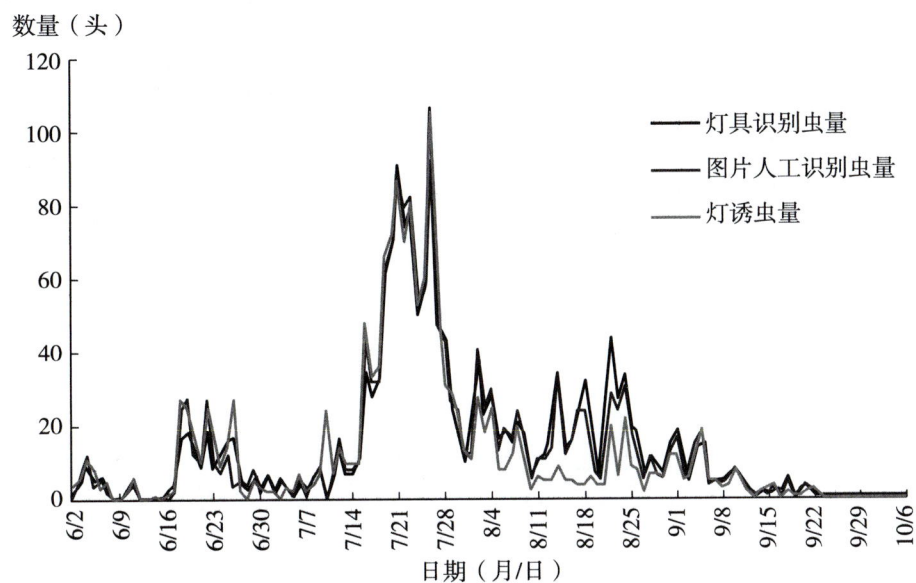

图 2-1　二点委夜蛾逐日诱虫量

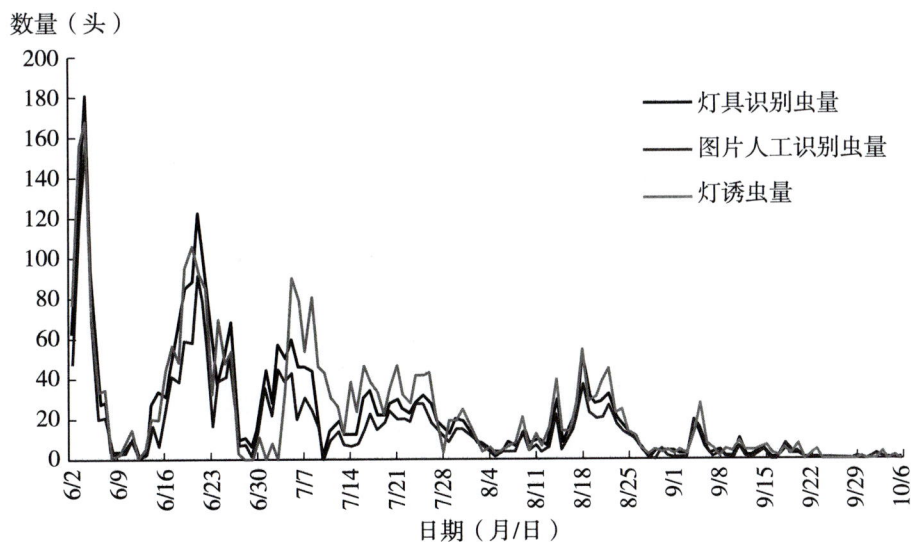

图 2-2　小菜蛾逐日诱虫量

数量（头）

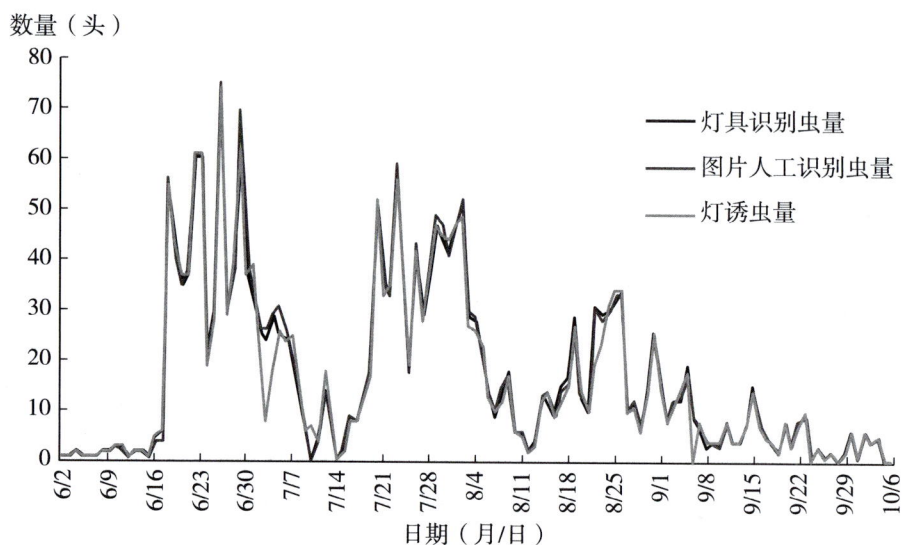

图 2-3　棉铃虫逐日诱虫量

数量（头）

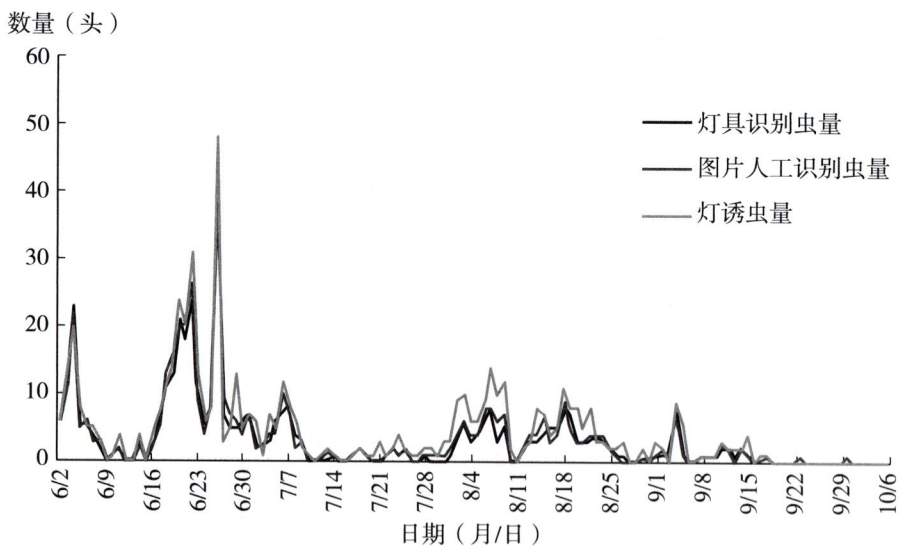

图 2-4　玉米螟逐日诱虫量

数量（头）

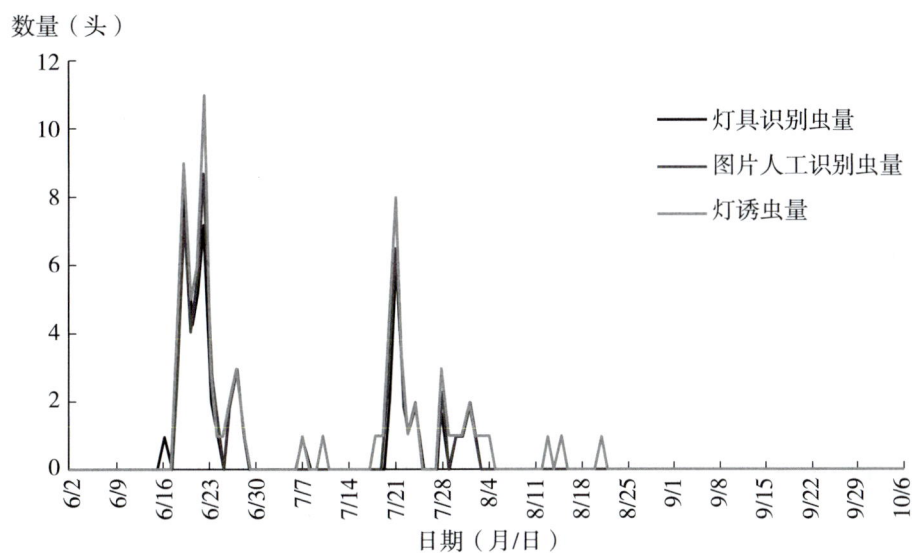

图 2-5　普通黏虫逐日诱虫量

数量（头）

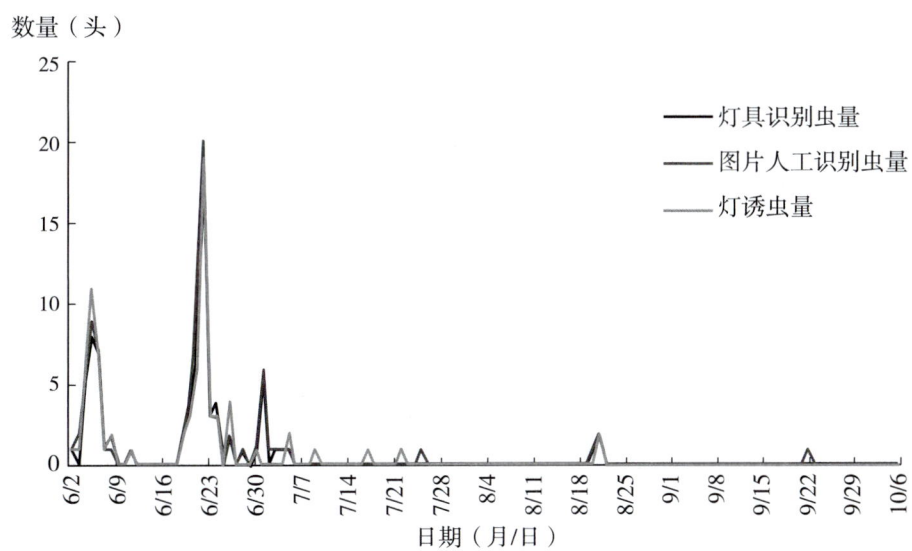

图 2-6　草地螟逐日诱虫量

数量（头）

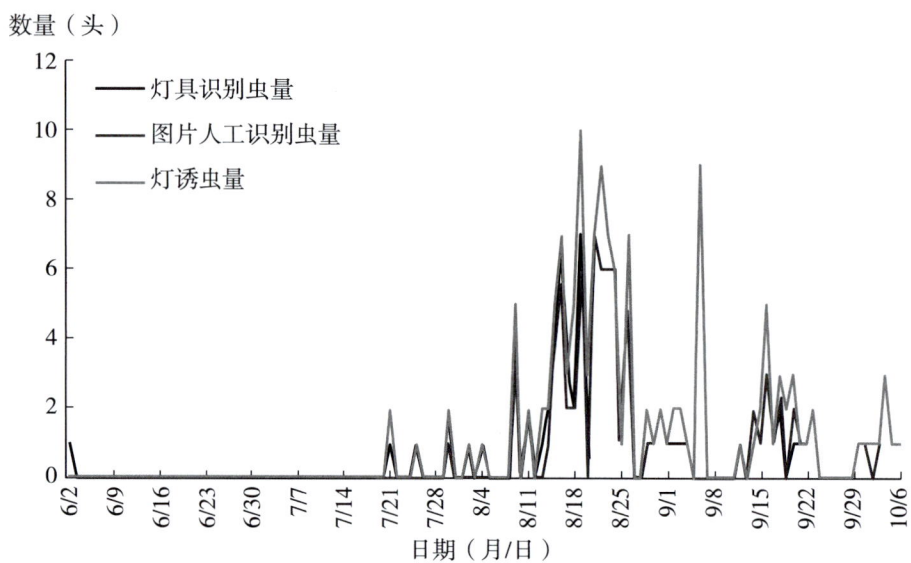

图 2-7 斜纹夜蛾逐日诱虫量

数量（头）

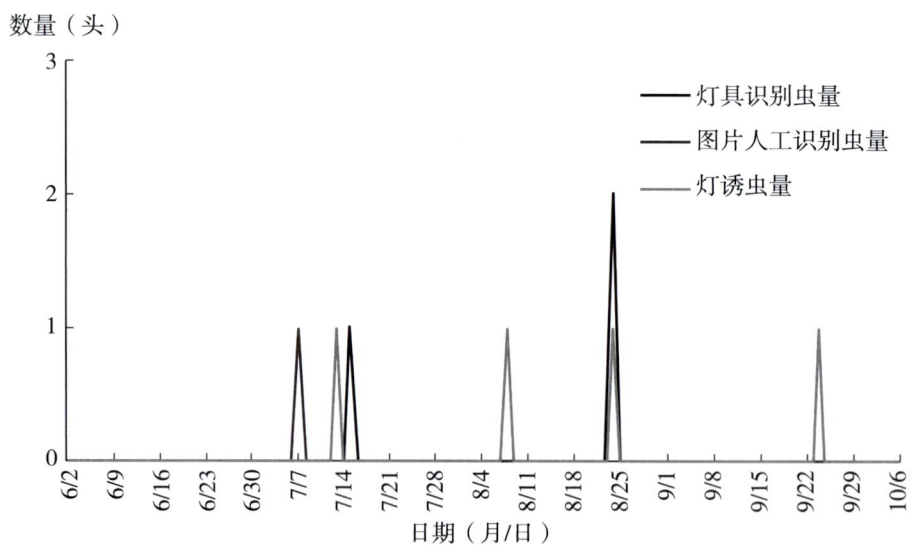

图 2-8 草地贪夜蛾逐日诱虫量

表 2-1　智能虫情测报灯诱虫和图片采集情况

目标害虫种类	灯下见虫天数/天	采集图片天数/天	采集图片天数占诱虫天数比率/%	总诱虫量/头	采集图片人工计数虫量/头	采集图片人工计数虫量占总诱虫量比率/%
棉铃虫	116	116	100.0	2 125	2 203	103.7
小菜蛾	104	103	99.0	3 085	2 088	67.7
二点委夜蛾	96	100	104.2	1 604	1 801	112.3
普通黏虫	31	23	74.2	83	67	80.7
玉米螟	90	83	92.2	573	419	73.1
斜纹夜蛾	46	39	84.8	139	95	68.3
草地螟	21	25	119.0	77	87	113.0
草地贪夜蛾	4	3	75.0	4	3	75.0
合计/平均	508	492	96.9	7 690	6 763	87.9

（2）**图片采集情况**。该智能虫情测报灯诱集和采集了 8 种害虫及其图片（表 2-1），灯下见虫天数棉铃虫、小菜蛾、二点委夜蛾分别为 116、104、96 天，玉米螟、斜纹夜蛾、普通黏虫及草地螟分别为 90、46、31、21 天，草地贪夜蛾为 4 天；采集图片天数棉铃虫、小菜蛾、二点委夜蛾分别为 116、103、100 天，玉米螟、普通黏虫、斜纹夜蛾和草地螟分别为 83、23、39、25 天，草地贪夜蛾为 3 天。采集目标害虫图片的天数占诱虫总天数比率小菜蛾、棉铃虫、玉米螟、草地螟、二点委夜蛾均为 90% 以上，斜纹夜蛾为 84.8%，普通黏虫和草地贪夜蛾约为 75%。采集图片人工计数虫量占总诱虫量的比率棉铃虫、二点委夜蛾、普通黏虫和草地螟均为 80% 以上，玉米螟和草地贪夜蛾为 73.1% 和 75%，小菜蛾和斜纹夜蛾为 67.7% 和 68.3%。

（3）**害虫种类识别情况**。该智能虫情测报灯采集了 8 种害虫图片，从识别天数看，灯具识别害虫天数与采集图片天数比较（表 2-1 和表 2-2），普通黏虫一致，小菜蛾、二点委夜蛾、玉米螟、斜纹夜蛾和草地贪夜蛾分别多 1~4 天，棉铃虫少 3 天，草地螟少 2 天。从识别虫量看，灯具识别效果最好的是二点委夜蛾和玉米螟，识别率在 99% 以上，其次是棉铃虫、普通黏虫和草地螟，识别率在 90% 以上，小菜蛾、斜纹夜蛾识别率在 50%~70%（表 2-2）。

表 2-2　智能虫情测报灯害虫识别情况

目标害虫种类	灯具识别害虫天数/天	灯具自动识别害虫数量/头	采集图片人工计数虫量/头	灯具识别准确率/%
棉铃虫	113	2 168	2 203	98.4
小菜蛾	107	2 782	2 088	66.8
二点委夜蛾	101	1 813	1 801	99.3
普通黏虫	23	64	67	95.5
玉米螟	85	423	419	99.0
斜纹夜蛾	42	139	95	53.7
草地螟	23	79	87	90.8
草地贪夜蛾	6	7	3	33.3
合计/平均	500	7 475	6 763	89.5

3. 诱虫效果和自动识别质量评价

2022 年度试验中对 2021 年度发现的一些问题进行了有效解决,一是解决了打雷天气出现的关灯问题;二是经过升级换代,有效解决了虫体堆积问题;三是加装了防雨棚顶和百叶窗,有效防止下雨天机器进水情况发生。因此,2022 年度在诱虫能力、图片采集率和自动识别准确率方面均有大幅度提升。

（1）诱虫效果。 该智能虫情测报灯对棉铃虫、小菜蛾、二点委夜蛾和玉米螟 4 种害虫具有较好的诱集效果,对普通黏虫、斜纹夜蛾和草地螟则诱集效果一般,对草地贪夜蛾、劳氏黏虫诱虫效果有待继续观测(草地贪夜蛾仅有 4 天见虫、共诱到 4 头虫,劳氏黏虫未诱到)。

（2）图片采集效果。 该智能虫情测报灯经过升级换代后,图片采集效果较 2021 年试验期间有明显进步。其中,棉铃虫、二点委夜蛾、普通黏虫和草地螟的采集图片人工计数虫量占总诱虫量比率均超过了 80%;小菜蛾、玉米螟和斜纹夜蛾的采集图片人工计数虫量占总诱虫量比率为 67%～73%;草地贪夜蛾由于诱虫数量较少,图片采集效果有待继续观测;个别出现图片多拍现象,如 8 月 23 日诱到 7 头二点委夜蛾,图片人工识别有 24 头。

（3）图片识别效果。 该智能虫情测报灯可识别的 8 种目标害虫,识别效果分三个等次,二点委夜蛾、玉米螟 2 种害虫识别效果最好,二者灯具识别准确率在 99% 以上;

其次是棉铃虫、普通黏虫和草地螟，三者灯具识别准确率超过 90%；小菜蛾和斜纹夜蛾稍差，灯具识别准确率仅为 66.8% 和 53.7%，需要加以改进。另外，草地贪夜蛾数据太少，其图片识别效果还有待观测。尽管二点委夜蛾、棉铃虫 2 种害虫灯具识别准确率在 98% 以上，但也发现存在识别负误差（即识别或拍照图片虫量大于实际诱虫量），如 8 月 21 日灯诱二点委夜蛾 4 头，但灯具识别出 18 头、图片人工识别出 15 头；7 月 3 日灯诱棉铃虫 8 头，但灯具识别出 24 头，图片人工识别出 26 头，原因有待分析。

（4）下一步改进建议。一是提高识别能力。诱到的 8 种验证害虫中，棉铃虫、二点委夜蛾、普通黏虫、玉米螟和草地螟 5 种害虫识别效果较好，能够满足生产需求，小菜蛾和斜纹夜蛾的识别技术有待提高。以一类、二类病虫害中趋光性害虫为重点，丰富害虫图片库，优化计算模型和方法，减少重复计数现象发生，切实提高识别准确率。二是增加虫量高峰时自动提醒功能。鉴于迁飞性害虫灯下虫量突增现象，在抖动接虫履带、缩短拍照时间的同时，当虫体达一定限度时，应增加报警提醒功能，以便人工补查，避免错过监测关键时期。

（二）稻纵卷叶螟食诱监测试验

为解决稻纵卷叶螟成虫种群监测特异性手段缺乏的难题，2022 年全国农技中心在 2020—2021 年的基础上继续开展稻纵卷叶螟食诱监测技术试验。

1. 试验完成情况

在湖南芷江、邵东、醴陵，江西瑞昌、泰和，浙江龙游、象山、温岭，安徽桐城、和县、宣州，江苏宜兴、张家港、金坛、如东 5 省（区）建立了 15 个稻纵卷叶螟食诱监测技术试验点，并以常规测报灯、性诱和田间赶蛾作为对照。5 月初至 10 月底，15 个试验点均按照试验方案顺利完成试验。

2. 主要进展

（1）监测时间。浙江温岭 6 月初至 11 月初，湖南芷江和邵东 6 月上中旬至 8 月底，湖南醴陵、江西瑞昌和泰和、浙江龙游和象山、安徽桐城和和县、江苏张家港和金坛 6 月上中旬至 9 月中下旬，江苏宜兴 6 月上旬至 10 月下旬，江苏如东 7 月初至 9 月底，安徽宣州 7 月中旬至 9 月初开展食诱试验。

（2）诱虫量。各地试验期不尽相同，故以平均每个诱捕器每天诱集的成虫数进行比较分析。经统计分析，各试验点食诱剂单个诱捕器日均诱虫量平均值为 23.59 头，最小为安徽宣州 1.12 头，最大为湖南邵东 128.84 头；性诱剂单个诱捕器日均诱虫量平均值为 26.16 头，最小值为江苏宜兴 0.09 头，最大值为湖南邵东 127.66 头。

（3）峰期和峰次。各地试验结果普遍表明，食诱剂能够准确反映田间稻纵卷叶螟成虫种群动态，与田间赶蛾、性诱等传统方法基本吻合，长江中下游单季中、晚稻，江南早、晚双季稻监测到 2～5 个峰次，峰次依次为 6 月中旬、7 月上中旬、8 月上旬、9 月上旬、9 月底。

（4）专一性。食诱剂专一性呈两极化。在江西泰和、浙江象山、江苏宜兴等试验点，食诱剂专一性较高，杂虫率低于性诱剂。但是，江苏张家港和如东、安徽和县和桐城食诱剂杂虫率远高于性诱剂。目前，食诱剂主要的杂虫包括斜纹夜蛾、银纹夜蛾等鳞翅目害虫、水稻螟虫（大螟、二化螟）、稻螟蛉、稻蝽、稻苞虫以及蜂类、蝇类（极少）。

（5）与田间幼虫和卵的动态关系。食诱剂能够准确反映稻纵卷叶螟幼虫和卵在田间的实际发生动态。其中，江苏宜兴、张家港食诱剂监测的每个成虫高峰后 7～10 天田间均出现低龄幼虫高峰。

3. 应用前景

连续 3 年的试验结果表明，稻纵卷叶螟食诱剂能够准确、及时反映田间成虫、幼虫发生趋势，在稻纵卷叶螟种群动态监测上具有广阔的应用前景，但应用于生产时仍需提高其专一性、稳定性。在专一性方面，2022 年度试验结果表明，稻纵卷叶螟食诱剂在部分试验点仍出现了较高的杂虫率，但是与之前相比，益害比明显下降，杂虫中 95% 是水稻害虫，天敌、益虫数量极少，对当地稻田中的益虫误诱率较低。在稳定性方面，2022 年诱集效果受气象条件等环境因素影响较大。浙江龙游等试验点反映，在极端高温天气下，诱芯挥发稳定性低，持效性明显下降。

未来食诱剂监测技术的研发方向：一是提高专一性，做到益虫零诱集，杂虫率尽可能减少；二是提高稳定性，针对高温干旱、台风等极端天气，要研发耐高温高湿的产品，保证诱芯的持效性；三是实现智能化监测和精准识别计数。

（三）稻纵卷叶螟特异性灯诱监测试验

为探明稻纵卷叶螟对不同波长灯光的趋光性，研发出适宜波长的特异性灯诱监测设备，2022 年全国农业技术推广服务中心在 2021 年的基础上继续开展稻纵卷叶螟特异性灯诱监测技术试验。

1. 试验完成情况

在江苏省盐城市射阳县新洋农场农业中心开展试验，试验以黑光灯为对照，在360～625纳米范围之内选择确定波长范围20个，每款波长宽幅为10纳米，如615～625纳米，以生产上常用的黑光灯为对照。试验在江苏省射阳县新洋农场农业中心开展，共计安装63台太阳能杀虫灯（每个波长及对照各设3个重复），相邻两台杀虫灯之间间隔20米以上。7—9月逐日调查每灯上被诱杀的稻纵卷叶螟成虫数量（分雌雄），并做好详细记录。

2. 主要进展

（1）稻纵卷叶螟成虫对不同波长LED灯的趋性。 试验结果显示，稻纵卷叶螟雌蛾和雄蛾对不同波长LED灯的趋向性均存在显著差异。其中，雌蛾对575～585纳米波段以及黑光灯有明显趋向性，对415～425纳米波段趋向性最低；雄蛾对390～400纳米波段、575～585纳米波段以及黑光灯有明显趋向性，对415～425纳米波段趋向性最低。

（2）性别对稻纵卷叶螟成虫趋性的影响。 试验结果显示，稻纵卷叶螟雌蛾和雄蛾对20个不同波段灯光的趋性有明显差异，从总体来看，雌蛾对光源的趋向性高于雄蛾。其中，雌蛾对360～365纳米、445～455纳米、485～495纳米的3个波段趋向性显著高于雄蛾。雌、雄成虫对其他波段的趋向性均无显著差异。

（3）年度间趋性差异分析。 2022年试验结果与2021年结果有部分差异。2021年试验结果表明稻纵卷叶螟雌雄蛾对紫外光区360～365纳米有显著趋向性，对橙波光区和红波光区595～625纳米趋向性最低。试验结果不同的原因可能是由于不同年份田间温度、湿度、降雨等气候因子不同导致稻纵卷叶螟对不同波段的趋向性出现差异。稻纵卷叶螟自身生理状态，如卵（精）巢发育级别、虫源性质、日龄等，也可能影响成虫对灯光的选择。

（四）南方地区水稻品种抗性与稻瘟病菌小种致病性监测

水稻品种和稻瘟病菌小种间的互作关系是影响稻瘟病发生流行的先决条件。为加强稻瘟病精准监测工作，提升预测科学性和预报准确性，全国农业技术推广服务中心联合南京农业大学稻瘟病研究团队，在全国水稻种植区开展主栽品种抗性和稻瘟病菌小种致病性系统监测和采样测试工作。

1. 工作完成情况

2022 年 7—10 月，从江苏赣榆、淮安、建湖、宜兴和大丰，云南腾冲、芒市、永胜，福建光泽、建宁，广东大埔，重庆梁平、南川等地共采集到 13 个水稻品种病株，通过单孢分离技术，纯化、分离稻瘟病菌菌株并保存斜面和滤纸片，共分离纯化不同地区稻瘟病菌小种 50 余株。

在江苏省农业科学院基地网室中开展接种实验，每个小区播种材料为 24 个抗稻瘟病单基因系品种及其亲本，每个品种播种 10 粒，保护行采用普通感病品种丽江新团黑谷（LTH）；水稻第 3 片真叶出齐后，将来自不同地方的病稻草进行诱孢接种；接种后 30 天按国际水稻研究所（IRRI）分级标准调查叶瘟最高级别，记录各品种感病株数以及调查总株数，并对不同菌株在 24 个抗稻瘟病单基因系和普通感病品种 LTH 上的致病型进行鉴定。

2. 主要进展

根据致病型的差异对不同菌株中所携带的无毒基因频率进行分析，结果表明，不同地区稻瘟病菌小种携带无毒基因 $Avr-Pib$、$AvrPi9$ 和 $Avr-Pi11$ 的频率均较低。初步分析原因，可能是当地种植对应抗病基因的品种较多，病菌在自然条件下受到的选择压力较高，可能通过无毒基因的缺失或者突变来逃避寄主抗病基因的识别。因此，需要进一步进行菌株分离测定和连续监测，这将有助于了解病菌群体毒性演化进程，也有助于当地的抗性品种选育和布局。

（五）南方地区马铃薯品种抗性与马铃薯晚疫病菌小种致病性监测

马铃薯品种和马铃薯晚疫病菌小种间的互作关系是影响马铃薯晚疫病发生流行的先决条件。为加强马铃薯晚疫病精准监测工作，提升预测科学性和预报准确性，全国农业技术推广服务中心联合南京农业大学作物疫病团队，在全国各大马铃薯种植区开展主栽品种抗性和马铃薯晚疫病菌小种致病性系统监测和采样测试工作。

1. 工作完成情况

马铃薯主栽品种和晚疫病发生情况系统监测和马铃薯田间病样采集工作，按照西南、华北、东北、西北等不同生态区和主产区分时间开展。主栽品种和晚疫病发生情况监测，各省组织所有马铃薯主产县，按年度统计当地马铃薯主栽品种（规模化种植667公顷以上，按播期秋冬种/春种分别统计），及其对应的种植面积和晚疫病发生情况。监测情况每年年底在数字化系统中填报一次。马铃薯田间病样采集，各省选取马铃薯种植面积在0.667万公顷以上或晚疫病常年发生面积在0.133万公顷以上的重点县，安排专人进行马铃薯晚疫病菌致病小种采样工作。采得的病叶由南京农业大学作物疫病团队进行小种鉴定和致病性测试工作，利用7个近等基因系马铃薯品种材料在实验室条件下对田间菌株进行毒性检测，用于评估田间菌株的毒性变异规律；通过植物组织培养技术获得马铃薯组培苗，种植后采集三叶型马铃薯叶片进行晚疫病菌游动孢子接种，5天后统计侵染表型；同时针对南方各地晚疫病菌的抗药性产生情况进行了测定。

2022年度共收集了来自南方地区的106份病害样品，分别来自重庆、四川、云南、湖北、湖南、福建、贵州、安徽等地。

2. 主要进展

（1）我国马铃薯晚疫病菌群体结构特点。通过SSR分子标记的方法对我国2002—2022年426株马铃薯晚疫病菌进行基因分型，结果表明Blue_13为我国各省份主要流行基因型，其主要分布在内蒙古、宁夏、重庆、云南、贵州、湖北等地区。

（2）马铃薯晚疫病菌交配型变化特征。通过对2022年从贵州、云南、福建和重庆分离的162株马铃薯晚疫病菌进行交配型测定，统计结果发现不同马铃薯产区马铃薯晚疫病菌A2交配型所占比例大，种薯带菌仍然是主要的初侵染来源，贵州马铃薯晚疫病菌A1和A2交配型均存在。

（3）马铃薯晚疫病菌毒力型变异特征。毒性测定的结果表明，R8、Rpi-blb1、Rpi-blb2以及Rpi-vnt1抗病马铃薯材料在田间抗性持久，携带这些抗病基因的品种值得推广，为南方各地未来马铃薯栽培品种的选育和布局提供了科学依据。而R3a、R3b以及Rpi-blb3抗病马铃薯材料防治晚疫病相对困难。

（4）农药抗性风险评估和敏感性测定。通过实验发现各地马铃薯晚疫病菌对氟噻唑吡乙酮、百菌清等杀菌剂仍较为敏感，对氰霜唑、王铜、灭菌丹、霜霉威、烯酰吗啉、氟吡菌胺、霜脲氰、氟啶胺存在一定抗药性风险，其中对灭菌丹、霜霉威、氟啶胺的抗药性风险较高，值得注意的是在所有已测试农药中霜霉威的抗药性风险最高。因此，在南方各马铃薯产区进行晚疫病防控需谨慎使用灭菌丹、氟啶胺和霜霉威，做好杀菌剂交替或轮换使用，防止病害大规模发生。

三、农作物病虫害监测预警模型开发与信息化系统建设

（一）基于生态型的水稻重大病虫害预测模型与建模平台

为实现智慧测报目标，2022年全国农业技术推广服务中心与四川省农业科学院植物保护研究所继续合作，开发建设基于生态型的水稻重大病虫害预测模型及其小型建模平台。

1. 工作完成情况

利用四川省农作物病虫阶段汇报调查数据，建立1980—2022年四川大竹、通江、资中、富顺等23个县的稻瘟病、水稻螟虫、稻飞虱数据库。稻瘟病数据库包括稻瘟病菌源情况、苗瘟发病情况、叶瘟发生实况、大田叶瘟普查结果、穗瘟普查结果、稻瘟病发生防治基本情况；水稻螟虫数据库包括冬后螟虫基数、一代螟虫高峰期卵块数、一代螟害和虫口密度、二代螟害和冬前虫口密度、各代螟虫发生防治情况；稻飞虱数据库包括5—7月灯下及田间虫量、白背飞虱和褐飞虱主害代高峰期发生情况。

从四川省气象局收集相关县温度、降雨、湿度等气象数据，从相关县收集田间小气候仪的相关数据建立气象数据库。

利用Mathworks公司的MatlabR2019a软件进行回归分析模型的建立和统计检测。

2. 主要进展

（1）稻瘟病预测模型。以病害基数、作物抗性、气象数据等相关调查数据为预测因子，预测穗颈瘟发生面积、苗瘟发病情况（发生面积、平均发病株率、平均病情指数）、叶瘟平均病叶率、稻瘟病白穗率。①穗颈瘟发病面积预测模型结果表明，大竹县穗颈瘟发生主要与种子带菌率、苗瘟发生面积和苗瘟急性病占比有关，与抽穗扬花期气象关系不大，这是由于大竹县地处川东，水稻抽穗扬花期天气以晴热为主，温度、降雨等天气年度间变化不大。②苗瘟发病情况预测模型结果表明，种子带菌率是大竹县稻瘟病苗床发病的重要因素，在苗床期必须要抓好浸种等种子处理技术。③叶瘟平均病叶率预测模型结果表明，苗瘟平均病株率对大田叶瘟平均病株率影响较大，大竹和通江两地模型均

选入苗瘟病株率，对生产上的指导意义在于必须做好带药移栽，降低本田发病程度；通江的预测模型中气象因子、降水量、相对湿度被选入，稻瘟病在夏季冷凉山区发生较重，通江县地处川北，常年温度适合稻瘟病发生流行，而降雨则是关键因子。④白穗率预测模型结果表明，穗瘟发生流行规律比较复杂，涉及因素较多，包括种子带菌率和苗瘟、叶瘟相关数据。

（2）水稻螟虫预测模型。 以越冬虫源基数、田间发生虫量、种植情况等相关调查数据为预测因子，预测4月下旬一代螟虫高峰期亩卵块、5月下旬螟虫枯心率、6月下旬未治田二代螟虫白穗率，分类建立了富顺、汉源等6个县，峨眉、剑阁等7个县，彭山、三台等8个县的显著性回归预测模型。①4月下旬一代螟虫高峰期亩卵块数量预测模型结果表明，不同县一代螟虫高峰期亩卵块数量受不同因子影响，如富顺县受大螟亩活虫数、二化螟死亡率、大螟死亡率、百根稻草活虫数等因子影响。②5月下旬一代螟虫枯心率预测模型结果表明，不同县的枯心率受不同因子影响，如峨眉县枯心率仅受百根稻草活虫数影响，而彭山区仅受二化螟高峰期累计卵块量影响。③6月下旬预报未治田二代螟虫白穗率预测结果表明，病虫发生基数（如防治田枯心率、残虫量）等对水稻穗期白穗率影响较大。

（3）稻飞虱预测模型。 以稻飞虱始见期、灯下虫量、田间虫量等相关调查数据为预测因子，预测6—7月稻飞虱田间高峰期百丛虫量。①6月稻飞虱田间高峰期百丛虫量预测模型结果表明，6月田间高峰期大多数县与5月高峰期虫量相关，可见早期迁入稻飞虱的数量将显著影响中期虫量；同时，也反映出四川在稻飞虱早期发现、防治上还需要进一步加大力度。②7月稻飞虱田间高峰期百丛虫量预测模型结果表明，不同地区影响田间高峰期百丛虫量的因子也不同，如大竹县以5月虫量，泸县、蓬安县以6月虫量，高县、邻水县则以5—6月虫量为主要因子，可能是因为稻飞虱属于迁飞性害虫，地理位置、低空急流风场的季节性走向、当地防控措施等均会对穗期稻飞虱的发生造成影响。

（4）开发了一个小型公共建模平台。 为提高病虫害预测模型开发效率，进一步扩大病虫害数字化预警系统应用范围，开发了一个小型公共建模平台——基于区域生态型的农作物病虫害监测预警系统。该系统针对当前病虫害数字预警系统模型参数固化、应用受地域限制的问题，允许用户自定义表达式和计算过程，通过自动调取田间病虫害监测设备的实时监测数据进行算术和逻辑运算，对可能出现的病虫害等灾害进行预测报警。

采用浏览器/服务器模式，可实现随时随地浏览查询业务，具有开发简单、功能扩展方便、共享性强的特点。该成果"基于生态型的农作物病虫害预测模型与开发平台V1.0"已申请获批计算机软件著作权（2022SR0344618）。

3. 应用前景

（1）预测模型的选择。 基层农技人员和生产者工作任务十分繁重，对于病害预测预报来说，只要预测目标值的误差在可接受的范围内，模型操作越简易，预测结果越容易理解，应用前景才广阔。所以，对于预测模型类型的选择，应该尽量选择预测因子少的线性模型，因为预测因子越多，所导致的误差叠加越大，最终导致模型准确率大为下降。因此，与神经网络、随机森林、害虫积温模型相比，逐步回归模型适应性更强，同时也便于在小型公共建模平台上使用。

（2）预测模型应用水平提升。 一是提高预测模型的准确性，首先在做数据清洗时剔除偏离很大的奇异点，但要保持数据周期性起落变化；通过设定阈值的方式，来筛选更有影响力的因子；从各因子近似但病虫害实际差距较大的县入手，剖析是否有更多可以挖掘的影响因子，让模型更加准确。二是验证预测模型的有效性，要以四川省23个县历史数据为样本，预测2023年各县二化螟、稻瘟病、稻飞虱发生程度，并通过田间调查验证预测数据结果。三是提高数据库的安全性，当前是以各县1980—2022年的数据作为样本库，但是考虑到后续县点数的陆续增加，数据量也会大幅增加，数据安全风险也会随之提高，所以要有相应的应对措施，同时要根据各地区的发生特点，样本库数据的时间跨度要有针对性，可以把10年、20年的数据作为样本库。

（二）基于中尺度粒子传播模型（HYSPLIT）的小麦条锈病大区流行预测模型开发与应用

为实现大区流行病害动态监测、数值化预测和精准预警，2022年全国农业技术推广服务中心继续应用中尺度粒子传播模型（HYSPLIT）、高性能计算、遥感和气象大数据技术分析小麦条锈病传播路径、沉降区域及发生风险。

1. 工作完成情况

基础数据来源于全国小麦条锈病2022年3—6月的监测周报数据及周降水量分布叠加图，监测指标包括县一级发生点的条锈发生始见时间、县级行政区中心经纬度、本周条锈病发生面积及发生状态（程度）等。首先根据小麦条锈病的县级发生数据，对菌源强度进行以县为单位的综合评估，并转换为菌源当量，以形成孢子源输入文件。利用数据模型分析，生成可供进行孢子传播路径数值预报分析的气象数据文件，并选取可覆盖中国行政区域的数据子集进行分析。利用 HYSPLIT 模型，基于网格气象数据，对 3 月以来每周条锈病传播的主要方向、路径和孢子传播浓度等进行了数值模拟分析，并形成逐周动态图。

此外，还开展了基于温度适宜度的条锈病菌秋季流行与冬季越冬区域分析。根据条锈病菌适宜萌发和侵染的关键温度参数，设置适宜度计算模型并将当月平均温度转为温度适宜度。温度适宜度是 0～1 的无量纲指标，计算规则如下：

$$T\_Fav = \begin{cases} 0; & T \leqslant 2, \ T \geqslant 28 \\ \dfrac{T-2}{14}; & 2 < T < 16 \\ \dfrac{28-T}{12}; & 16 < T < 28 \end{cases}$$

其中 T 为月平均温度。

对于秋季流行和冬季越冬区域的气象条件分析均可基于上述方法进行定量化评估，以确定春季核心菌源区域。其中 T 也可用逐日或逐旬温度以提高计算精度。

2. 主要进展

（1）2022 年全国小麦条锈病发生情况动态分析。 2021 年秋苗区条锈病发生面积为近十年最小，汉水流域冬繁区发生面积小，湖北、河南等省始见期也偏晚，总体越冬菌源基数低。冬季受较强拉尼娜现象影响，我国总体偏冷，对条锈病菌的越冬不利。小麦条锈病早春的发生情况与 2021 年相比要明显偏低。3 月中旬，模型预测小麦条锈病菌夏孢子将有一次明显的沿江传播过程，先后影响区域包括鄂东平原、安徽和江苏沿江麦区。相关区域基层植保技术人员的调查证实了这一传播路线，即 3 月底条锈病已向东传播至江苏南京等地，这一情况在历史上较为少见。受 2022 冬春季天气和秋苗发生基数等影响，到 4 月初，条锈病发生主要仍集中在西南、西北和湖北等地。而受 4 月温度快速上升的影响，部分地区的温度已超过病菌最适宜的侵染温度（9～15℃），进一步延缓了条锈病的扩展。4 月中下旬，几次降雨短暂使温度回到病菌适宜侵染的区间，促进了华北地区的传播和侵染。5 月，华北地区总体温度上升已不利于条锈病的进一步发展。到 5 月底，随着高温天气的进一步发展和麦收开始，2022 年条锈病在冬麦区的发生基本完全停止。

（2）2022年小麦条锈病HYSPLIT数据分析结果的基本结论。①基于病害周报数据和该周气象数据，对孢子传播区域和浓度进行7天的连续预测，对病害可能发生地区的预报时间为2～3周，如采用7～15天的GFS预报气象数据，则可到3～4周。②2022年GFS预报数据集在降雨等关键因素的预报方面仍有不足，主要表现在降水量和降雨区域与实际情况有一定差异，主要原因可能与2022年大气环流异常和极端天气较多有关；根据GFS预报结果的问题，采用了结合GDAS数据集进行逐周重分析修正预报的方式进行调整优化，从后期监测数据看，利用GDAS分析的结果仍可以在一般情况下提供2周以上预警窗口期。③预测准确率：以未来3周发病可见为评判标准，准确率为85%～95%，与2021年情况基本一致。④预测覆盖区域和时间：全国所有冬麦和春麦种植区可实现周年自动化运行，系统正在进行开发。⑤预测结果空间分辨率：目前为20～25千米，可指导市县级统防统治工作；未来可提升到5～10千米，可指导村乡级精确防治。⑥效益：减少低风险区域无效田间调查，高风险区域协助工作安排，合理调度，精准用药。

（3）秋苗及越冬区气象适合度对比分析。根据越冬条件关键因子及计算方法，利用逐日卫星气象遥感监测的地面温度数据生成的逐旬温度条件数据，分别对2020—2021冬季与2021—2022冬季的小麦条锈病越冬适宜区域分布进行了高精度网格化分析，空间分辨率为1千米×1千米。通过对比2020—2021年冬季（11月至翌年2月）及2021—2022年同时期的温度适宜度逐旬累积值和2021年3月及2022年3月初见病点区域分布可见主要适宜越冬区域的北界在陕西南部和甘肃南部少数区域。对比近两年的越冬温度适宜度，可见2021—2022年冬的越冬适宜范围要小很多，甘肃几乎没有任何地区有适宜越冬的区域。陕西适宜越冬的区域也比上一年同期大大缩小。这与当年为中等偏强的拉尼娜现象导致我国寒潮多发有关。因此，根据上述数据分析结果的对比，未来可采用类似分析方法对春季早期菌源分布的主要区域进行判断及针对性调查。

（三）跨境迁飞性害虫天空地一体化监控系统开发与应用

草地贪夜蛾、黏虫、稻飞虱、稻纵卷叶螟等跨境迁飞性害虫，长期活跃在中南半岛-中国-日韩朝的东亚迁飞场，既可以在我国西南、华南地区形成周年繁殖的虫源地，又能自周边国家随西南季风入侵、扩散，北迁南回，周而复始，"落地成灾"，如何实时追踪其迁飞路径，如何准确预测其迁入地和迁入期，如何有效实现治早、治小，一直是我国乃至国际生物灾害治理领域悬而未决的重大技术瓶颈。自2019年草地贪夜蛾入侵我国以来，全国农业技术推广服务中心与中国农业科学院植物保护研究所领衔的产学研团队紧密合作，针对跨境迁飞性害虫的生物学特性，瞄准其监测防控过程中雷达回波自动识别难、高空种群种类确认难、灯诱性诱特异性差等关键难题，分类突破单项技术，集成配套天-空-地一体化的监控技术体系，可指导引领1 030个国家级监测区域站、示范带动全国农作物病虫害监测防控网络大规模应用，为数字化精准监测预警、针对性科学防控，提供切实可行的技术路径。

1. 技术要点

（1）核心技术。核心技术采用自动化程度高的雷达进行远距离的天空监测，诱集范围大的长波高空测报灯进行高空监测，灵敏、方便使用的灯诱、性诱进行地面监测（图2-9），集成以草地贪夜蛾为代表的跨境迁飞性害虫天-空-地一体化监控技术体系和信息平台（图2-10）。

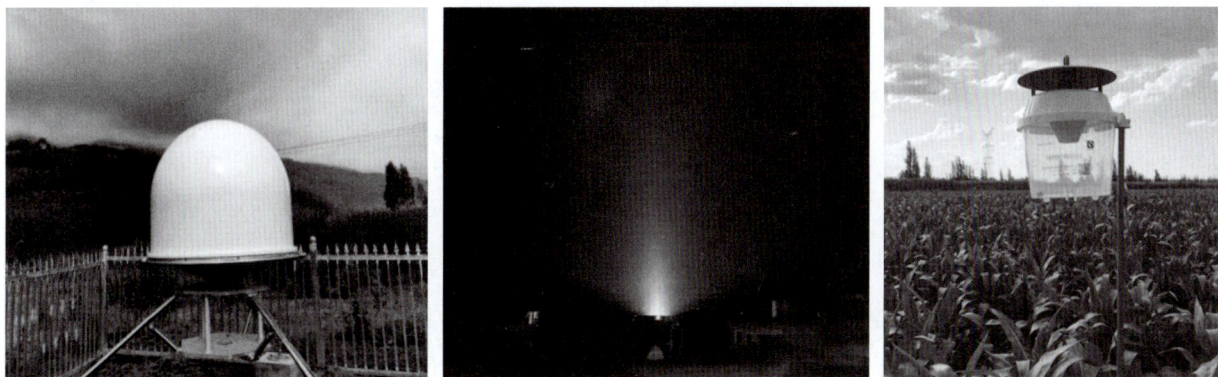

图2-9 跨境迁飞性害虫天-空-地一体化监控核心技术
（左：昆虫雷达；中：高空测报灯；右：地面性诱）

①昆虫雷达监测技术。在西南华南边境、长江流域迁飞过渡带、跨渤海湾迁飞通道的咽喉要道上设置昆虫雷达，对距地面200～2 000米范围内成层飞行的大规模种群进行监测。昆虫雷达成功观测到草地贪夜蛾、稻飞虱等多种跨境迁飞性害虫典型迁飞事件，实现基于体长、体重、振翅频率等生物学参数的精准探测和种类雷达辨识；获得了头部朝向、飞行速度、高度分布、数量/密度等迁飞行为信息，精准掌握了边境地区迁飞害虫季节性迁飞动态，基于其监测信息，可高效精准驱动下游高空灯阻截和地面性诱

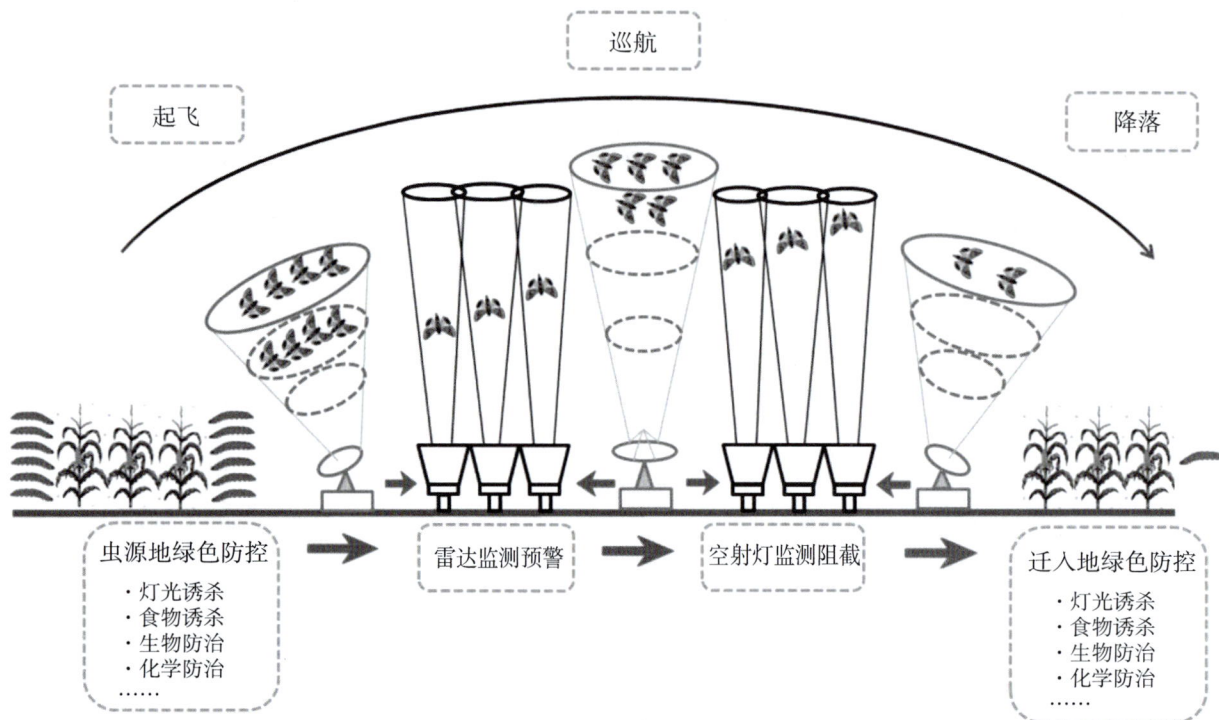

图 2-10 跨境迁飞性害虫天-空-地一体化全过程监控示意

灯诱防控的组织准备。

②高空灯监控技术。在我国西南-东北走向的关键迁飞通道上布设高空测报灯，对距地面800米以内的迁飞性害虫进行诱控，利用迁飞性害虫对长波光的趋性和高空灯穿透性强、控制范围大的诱集特点，在其高空巡航环节，监测其种群动态，实时掌握迁飞的种类、数量和布局。灯具设在楼顶、高台等相对开阔处，或安装在病虫观测场内，逐日记载诱集的雌、雄成虫数量。在云南江城、寻甸等示范点可诱到大量高空迁飞种群，有效压低虫源区种群数量，减缓北迁时间，保护主产区粮食安全。

③地面灯诱性诱监控技术。在粮食经济作物主产区和主要迁入区加密加力布控，利用地面测报灯和性诱捕器方便灵活的特点，形成网格化管理，并利用基于深度学习的图像识别技术，提高地面测报灯和性诱捕器对迁飞性害虫的识别精度和效率，在其迁入降落环节，实现其自动化、可视化的精准监测。地面测报灯利用迁飞性害虫成虫夜间具有较强趋光性的特点，在其栖息地附近进行常规监控。在常年适宜成虫发生场所或主要寄主作物田，设置1台测报灯，灯管与地面距离为1.5米。逐日统计成虫诱集数量，并将

雌蛾、雄蛾分开记录。性诱捕器利用雌性性信息素来监测和诱杀迁飞性害虫雄虫。在玉米生育期内田间按照"外密内疏"的原则设置漏斗形或桶形诱捕器，诱芯置于诱捕器内，诱捕器高度随作物生长适时调节，每日上午检查记录诱到的蛾量。

④发生防控信息实时调度展示平台。按监控时序和高度层次，利用昆虫雷达早期监测明确其迁飞规模和未来行踪、高空灯大尺度监测明确其迁飞种类及种群结构、地面灯诱性诱小尺度监测明确其迁入落点和迁入时间，有效结合空中种群动态数据分析、迁入地发生期发生量预测模型，整合在全国统一的信息化平台上，集成生态调控、生物防治、理化诱控、科学用药等防控技术措施，形成天-空-地上下联动、覆盖成虫起飞-巡航-降落和幼虫发生全过程的一体化监控技术体系。其中，建立并实施草地贪夜蛾"首次发现当日报告、发生防治信息一周两报"制度，实现了各地虫情数据、发生防治面积实况和预测分析的实时调度、动态展示，确保早发现、早报告、早预警、早防治。

(2) 配套技术。创新研发了迁飞性害虫田间调查技术、雌蛾卵巢解剖技术和"三区四带"阻截布防、综合防控等配套技术，实现专业监控与群测群防的有机结合（图2-11）。

①田间调查技术。田间调查旨在明确卵、幼虫和蛹的空间分布、发生数量和发育阶段，并依据当地温度估算各虫态发育进度，做出发生期和发生程度预测，以此指导早期精准防控，分为卵调查、幼虫调查和蛹调查。其中，卵调查在成虫始盛期开展，每5天调查1次。每块田采用棋盘式W形5点取样，每点查10株。幼虫调查以苗期至灌浆期的玉米作为重点调查对象，自卵始盛期开始，每5天调查1次，直至幼虫进入高龄期止，观察记载有虫株率和平均每株虫量。蛹调查应在当地老熟幼虫发生期后7天以后开始，重点调查幼虫发生区田块，记载每平方米蛹量。

②雌蛾卵巢解剖技术。雌蛾卵巢发育级别可以推测迁飞性害虫的种群性质和迁飞动向，可根据卵巢的形状、卵粒发育状态以及卵黄沉积情况等指标，对草地贪夜蛾等迁飞性害虫雌蛾卵巢进行级别划分。如果卵巢发育级别较低，意味着此批种群有迁飞外地的可能，需继续监测；如级别较高，成虫将宿留在当地繁殖后代，应及时组织早期防控，减轻危害损失。

③"三区四带"阻截防控。在2019年"三区施策"有效控制迁飞性害虫危害损失水平的阶段性成果基础上，2020—2022年实施并完善了"三区四带"布防方略，组建了一个覆盖"西南华南周年繁殖区-长江流域迁飞过渡区-黄淮海重点防范区"三大发生

区，布控"西南华南-长江流域-黄淮海-长城沿线"四条防控阻截带的监测防控网络，起到了阻截成虫北迁、降低幼虫危害的作用。

④综合防控技术。综合应用生态调控、生物防治、理化诱控、科学用药等技术措施，集成西南华南周年繁殖区"药剂拌种＋天敌保护利用＋生物药剂"综合防控模式，江南江淮迁飞过渡区"药剂拌种＋天敌释放＋生物农药＋应急化学农药"综合防控模式，黄淮海等北方重点防范区"药剂拌种＋诱集带诱集＋药剂防治"综合防控模式，推动迁飞性害虫治理由应急防治向综合防控、可持续治理转变。

图2-11　跨境迁飞性害虫综合防控配套技术（以草地贪夜蛾为例）

2. 示范与推广情况

已在云南江城、寻甸、澜沧，广西宜州，海南三亚等西南华南边境区设立迁飞性害虫监测示范点和防控示范区，边研究、边试验、边应用，逐步实现性诱的专一诱控、灯诱的有效阻截、雷达的精准监测，在迁飞性害虫监测防控方面具有重要影响和较大发展潜力。

在昆虫雷达监控技术示范上，2020年以来已在示范区开展多点、长时段、多制式昆虫雷达试验应用，收集了草地贪夜蛾、黏虫、稻飞虱、稻纵卷叶螟等50多种跨境迁飞性害虫的体重、体长、体宽、振翅频率等生物学信息，利用预测模型，实现实时风场和迁飞轨迹的精准预测，并将以上功能接入以草地贪夜蛾为代表的全国迁飞性害虫发生防治信息平台。在高空测报灯监控技术示范上，2013年以来在全国30多个监测网点利用高空测报灯（金属卤化物灯，光源500～600纳米、功率1 000瓦）进行区域性监控，对黏虫、稻飞虱、稻纵卷叶螟等害虫高峰期单灯单日诱虫量可达几万头至几十万头，对草地贪夜蛾等对普通短波光不敏感的种类高峰期单灯单日诱虫量超过300头。在地面测报灯和性诱捕器监控技术示范上，研发改进监测工具，提升灯诱性诱产品的专一性、有效性，满足了监控技术需求。在监控技术集成推广应用上，2019—2022年，在云南昆明、大理开展了专题培训，在云南、广西等周年繁殖区开展了巡回式田间示范观摩，获得业内专家和技术人员的一致好评。

在节约成本方面，起到了早期监测、精准预警、防小控早的作用，示范区平均防控次数从8次减少到2次，农民每亩防控成本从120元左右减少到30元左右。在提升品质方面，通过精准监控，减轻了因迁飞性害虫危害引发的玉米穗部病害发生，进而降低了玉米籽粒毒素污染，提高了籽粒质量。示范区伏马毒素、黄曲霉素等毒素含量比不防治对照区减少了87.9%。在增加效益方面，2019—2022年西南华南周年繁殖区各地测产试验和专家分析评估，应用本技术可年均减少玉米产量损失100亿~120亿斤，有力保障了国家粮食安全。中国工程院院士吴孔明分析，经全国层层阻截和天空地一体化监控，草地贪夜蛾等跨境迁飞性害虫北迁时间推迟近1个半月，比预期少发生1~2个代次，年均发生面积减少533万公顷次左右。

（四）鼠害物联网智能监测系统应用推广

1. 推广应用情况

鼠害物联网智能监测是以物联网技术为基础，融合机器视觉、模式识别、大数据、深度学习等技术，实现害鼠365天×24小时连续动态监测和智能识别分类的方法。每个鼠害物联网设备连续30天布放，相当于每月30个夹日（夜）。鼠害物联网监测系统可通过长期可视化数据分析监测区域鼠种分布、群落结构、种群数量、生物量动态、密度趋势、行为节律等，实现监测源数据查询和系统异常实时预警。

2022年，农区鼠害物联网智能监测预警网络已覆盖全国31个省（自治区、直辖市）171个区（县），共安装鼠害物联网监测设备389套，共监测到23种鼠形动物5 924只，23个鼠种，包括板齿鼠、黄胸鼠、小家鼠、褐家鼠、黄毛鼠、黑线仓鼠、黑线姬鼠、小毛足鼠、达乌尔黄鼠、阿拉善黄鼠、子午沙鼠、花鼠、黑线毛足鼠、巢鼠、大仓鼠、莫氏田鼠、长爪沙鼠、大绒鼠、朝鲜姬鼠、灰仓鼠、三趾跳鼠、五趾跳鼠以及鼩鼱。其中，农田中监测到所有鼠种和鼩鼱；农舍中监测到8个鼠种，包括小家鼠、黑线姬鼠、黑线仓鼠、褐家鼠、黄胸鼠、子午沙鼠、板齿鼠以及鼩鼱。

物联网监测显示全国农区平均鼠密度为7.48%。板齿鼠、黄胸鼠、小家鼠、褐家鼠为主要优势种群，占捕获总数的 78.73%；优势鼠种在农田和农舍中均有分布，且随作物种植季节呈现出双峰波动节律，即每年的 6—7 月和 9—12 月为鼠害发生高峰期，该时期提前采取防控措施能较好地控制鼠害发生密度。

2. 存在问题和改进建议

（1）**鼠害物联网监测设备投入数量少、分布不均衡。**2022 年，在农区布放的 389 套设备中，布放生境为农舍的设备有 35 套，占比 8.9%；布放生境为农田的设备有 354 套，占比为 91.1%。农舍生境鼠害物联网监测设备数量明显不足，导致家栖鼠的监测结果不全面，不能准确分析、客观研判当地害鼠群落结构及种群数量动态。此外，农区生境鼠害物联网监测设备数量也存在着区域性差异，南方设备数量和密度明显多于北方，影响监测结果准确率、害鼠数量动态模型建立。建议各地及时补购监测设备，加大农区鼠害物联网监测技术的推广应用。

（2）**鼠害物联网监测设备维护清理工作不及时、不彻底。**监测设备底盘清洁不及时，会直接影响摄像头对害鼠识别的准确性；设备监管不严，易造成设备损坏，甚至丢失，进而导致监测数据缺失，也会严重影响监测效果。建议各地及时登录鼠害物联网监测系统，定期查看设备清洁程度。

（3）**部分设备未正常运行。**受设备需定期取回电池充电影响，2022 年，在全国农区布放的 389 套设备上半年正常运行 8 207 天次，下半年正常运行 13 210 天次，平均每台设备全年正常运行的天数为 55.06 天次，仅为全年监测天数的 1/6。建议各地及时为监测设备充电，确保有效监测。

第三章
农作物重大病虫危害与防治

一、粮油作物病虫害防治

2022年，农业农村部认真落实党中央、国务院关于农业农村重点工作的总体部署，严格按照《2022年"两增两减"虫口夺粮促丰收行动方案》，聚焦小麦条锈病、小麦赤霉病、小麦蚜虫、水稻"两迁"害虫、稻瘟病、草地贪夜蛾、黏虫、玉米螟等重大农作物病虫害，扎实开展"虫口夺粮"促丰收行动，最大限度减轻危害损失。

（一）水稻病虫害

1. 防控行动

根据农业农村部组织开展"两增两减"虫口夺粮促丰收行动的统一部署，全国农业技术推广服务中心制定了《2022年水稻重大病虫害防控技术方案》，组织各地做好水稻病虫害防治技术推广，指导各地开展水稻重大病虫害防控。6月，种植业管理司会同全国农业技术推广服务中心召开早稻病虫防控视频连线会，推进江西、湖南等省早稻病虫害防控措施落实，为夏粮丰收打牢基础。8月，种植业管理司会同全国农业技术推广服务中心组织召开全国秋粮重大病虫害防控现场会，部署稻飞虱、稻纵卷叶螟、稻瘟病等秋粮重大病虫害防控，全力保障秋粮生产安全。

2. 技术进展

（1）开展绿色防控技术试验示范。分别在东北稻区、华南稻区建立水稻病虫害绿色防控示范区，分别开展单季稻主要病害种子处理和穗期预防、双季稻病虫害全程绿色防控等技术开发和集成。开展了噻唑锌防治水稻细菌性病害、氨基寡糖素防治稻瘟病、水稻纹枯病等病害，以及利用乙蒜素、印楝素、苏云金杆菌、氟吡菌酰胺、噻唑膦、淡紫拟青霉防治水稻根结线虫试验，不断开发田间应用技术，为进一步示范推广提供科学依据。

（2）优化水稻鳞翅目害虫性诱控害技术。 联合浙江大学，针对水稻二化螟、三化螟、稻纵卷叶螟、大螟、台湾稻螟、稻螟蛉、东方黏虫等鳞翅目害虫，进一步明确性诱剂放置时间、密度、位置等技术细节，优化提升专用昆虫性信息素诱芯，整合开发了适宜我国北方、长江中下游、华南、西南等大部分稻区的鳞翅目害虫性诱控害技术。该技术被列入2022年农业农村部粮油生产主推技术。

（3）开展防控技术培训指导。 9月，在江西举办水稻螟虫综合防控技术培训班，来自全国16个省份60余人参加了培训，进一步增强植保系统的病虫害防控责任意识、提高病虫害防控技术水平。在水稻重大病虫害发生防控关键时期，全国农业技术推广服务中心赴云南红河、河南新乡等地开展重大病虫害发生督导和技术指导，各地植保机构及时组织人员力量下沉一线，深入田间地头指导农民开展重大病虫防治。

3. 防控成效

2022年，各级植保部门围绕保障粮食安全、质量兴农和绿色发展、农药减量总体目标，针对稻飞虱、稻纵卷叶螟、二化螟、水稻纹枯病、稻瘟病、稻曲病等主要病虫害，以及三化螟、大螟、稻秆潜蝇、黏虫、南方水稻黑条矮缩病、水稻细菌性条斑病、根结线虫病、蚜线螨、福寿螺等局部发生病虫害，狠抓防治任务落实，开发和示范绿色防控新技术，不断提升水稻病虫害防治技术水平，持续推进水稻病虫害的可持续治理。水稻病虫害得到有效控制，全国水稻病虫害防治面积15.63亿亩次，挽回稻谷损失2 338万吨，全国水稻病虫害绿色防控面积2.37亿亩，绿色防控覆盖率达到55.22%。

（二）小麦病虫害

1. 防控行动

受2021年秋播偏晚、病虫越冬基数较低和气候条件等因素影响，2022年小麦重大病虫害为总体中等、局部偏重发生，小麦条锈病、赤霉病、茎基腐病、蚜虫等病虫害呈多发态势，对夏粮生产构成直接威胁。党中央、国务院高度重视，李克强总理、胡春华副总理多次作出批示，指示做好病虫害防控。2022年3月下旬，在小麦生产春季管理关键时期，李克强总理专门到农业农村部调研夏季粮油生产情况，协调各项措施落实。

农业农村部和各地认真贯彻落实党中央、国务院决策部署，2021 年 9 月，农业农村部即组织召开小麦秋播拌种现场会，安排部署小麦秋播拌种和秋冬季病虫害防治工作。2022 年 1 月，农业农村部制定印发《"两增两减"虫口夺粮促丰收行动方案》，对防灾夺丰收提出总体要求，3 月中旬以来，先后召开小麦条锈病等春季病虫害防控工作视频会、小麦穗期病虫防控工作推进视频会和小麦病虫害"一喷三防"工作推进会，同时，分片区召开小麦病虫害防控工作调度会 4 次，分片区、分病虫加强指导，落实防控措施。2 月下旬，农业农村部商财政部紧急下拨的 16 亿元中央农业生产救灾资金中，专门安排 4.3 亿元用于小麦重大病虫害防控；4 月下旬，中央财政又紧急下拨 16 亿元"一喷三防"专项经费，支持小麦穗期病虫害和干热风等的预防控制。在中央财政资金的带动下，各地财政已累计投入防控资金 24.5 亿元，其中安徽、河南、山东、江苏、陕西省市县财政分别投入 7.51 亿元、3.65 亿元、8.53 亿元、1.9 亿元、0.54 亿元。

各级植保机构加强监测预警，加强防控技术指导和服务。全国农业技术推广服务中心在我国小麦条锈病菌源区、关键越冬区、春季流行区重点示范展示小麦条锈病跨区域全周期绿色防控技术，推进小麦条锈病的可持续治理。小麦赤霉病继续施行"主动出击、见花打药"的防控策略，在江淮、长江中下游麦区开展小麦赤霉病毒素检测、抗药性检测等行动，组织丙硫唑、氟唑菌酰羟胺等新药剂防治技术示范，切实提高防控效果。针对小麦穗期蚜虫等病虫害，结合"一喷三防"压低虫量、有效遏制其发展。对小麦茎基腐病、纹枯病等新发苗期病害，全国农业技术推广服务中心组织印发《2022 年小麦茎基腐病防控技术方案》，指导各地结合小麦茎基部病害开展防治。

2022 年全国农业技术推广服务中心组织全国植保体系 12 个省（自治区）83 个县（市、区）认真开展了农作物重大病虫害防控植保贡献率评价工作。经各地认真开展田间试验和科学分析研判，综合测算得，2022 年全国三大粮食作物病虫害（不包括草害和鼠害）防控植保贡献率为 20.31%。据此测算，挽回粮食产量损失 2 500 亿斤。

结合各项小麦病虫害绿色防控技术，2022 年农业农村部在全国创建小麦绿色防控示范县 13 个，全国农业技术推广服务中心在全国建立小麦病虫害绿色防控、条锈病分区防控技术示范等绿色防控示范区 10 个。各省、市、县各级绿色防控示范区或示范点 675 个，累计示范面积达 2 324 万亩。经测算，全国小麦病虫绿色防控覆盖率达 53.58%，较 2021 年增加 6.34 个百分点。

2. 技术进展

（1）**小麦条锈病跨区域全周期绿色防控技术。**贯彻"预防为主，综合防治"植保方针，坚持"长短结合、标本兼治、分区治理、综合防治"策略，以越夏区治理为重点，以越冬区和冬繁区控制为关键，以春季流行区预防为保障，集成创新跨区域全周期防治技术体系，建立小麦条锈病持续治理机制，统筹规划，全面推进。

（2）**小麦秋播拌种技术。**秋播药剂拌种是一项防治关口前移、压低病虫基数、有效预防控制小麦病虫危害的关键技术措施。做好小麦秋播拌种，能够有效控制地下害虫和种传、土传病害及秋冬季小麦苗期病虫害，为全年小麦病虫害防控打好基础。

（3）**小麦赤霉病全程防控技术。**播种前及时耕翻土壤，粉碎作物病残体，减少田间初侵染菌源数量。自小麦播种期始，在小麦赤霉病常发区选用中等抗性品种，如长江流域麦区选用苏麦、扬麦等系列品种。做好小麦秋播拌种及种子筛选，减少种子带菌率。抓好抽穗至扬花期喷药预防，见花打药、主动预防，做到"扬花一块、防治一块"，遏制病害流行。药剂品种可选用氰烯菌酯、丙硫菌唑、氟唑菌酰羟胺等及其复配制剂。施药后6小时内如遇雨，雨后应及时补施。如遇持续阴雨，第一次防治结束后，需隔5～7天进行第二次防治，确保控制流行趋势。

（4）**小麦茎基腐病防控技术。**秋季小麦播种后至越冬期，采取种子包衣或拌种处理预防小麦茎基腐病发生。结合小麦其他病害的预防，选用咯菌腈、三唑类药剂、种菌唑、氰烯菌酯等成分的药剂进行种子处理，对小麦茎基腐病的发生具有良好的兼治效果。在小麦返青早期施药可进一步控制茎基腐病的危害。可结合小麦纹枯病等苗期其他病害的防治，选用含有戊唑醇、氟唑菌酰羟胺、丙环唑、嘧菌酯等成分的药剂喷施小麦茎基部。施药时注意调低喷头高度和方向，适当加大用水量，重点喷小麦茎基部，防治效果更为明显。

（5）**中后期"一喷三防"技术。**小麦中后期病虫害发生较为集中，后期生长关键时期易受春夏季高温高湿不利条件影响，对小麦产量影响较大。"一喷三防"技术是一项专业性和时效性强的技术措施，通过喷施杀虫杀菌剂、叶面肥、生长调节剂的复配制剂，达到防病虫害、防干热风、防早衰的目的，对小麦中后期增产具有较大帮助。

（6）**小麦病虫全程绿色防控技术。**对小麦从播种到中后期病虫防治实施全过程绿色防控措施，主要包括：按不同地区病虫发生情况进行小麦抗（耐）病品种布局；推行精细整地、适墒适量适期播种，以及播后镇压和及时灌溉等田间管理措施；秋播药剂拌种预防控制土传、种传病虫和地下害虫以及苗期病虫害发生危害。在地下害虫成虫期，选择合适的诱集产品，在成虫集中区域，成虫交配等关键期，开展理化诱杀；有条件的地方释放蚜茧蜂等天敌昆虫进行相关生物防治；小麦生长中后期开展"一喷三防"，防病虫害、防干热风、防早衰。通过实施小麦全生育期绿色防控措施，起到农药减量、减损增效的目的。

3. 防控成效

据统计，2022年小麦重大病虫害累计发生4.5亿亩次（其中，一类病虫害小麦条锈病发生601万亩、赤霉病发生1942万亩、蚜虫发生1.5亿亩次），完成防治面积7.3亿亩次（小麦条锈病防治3304万亩次、赤霉病预防控制3.7亿亩次、蚜虫防治1.8亿亩次），较预测减少发生3亿多亩次。经有效防治，小麦条锈病流行强度得到有效遏制，发病面积比2021年同期减少89%；赤霉病发生面积比预测面积减少7000余万亩，危害损失率控制在允许损失指标以下，赤霉毒素检测结果全国均为历史上最好，基本没有超标问题（赤霉病防治区域病穗率在5%以下，比不防治区域下降40～60个百分点）。经各地组织专家评估测算，2022年小麦病虫害防治成效明显，共计挽回产量损失740多亿斤，比2021年增加10亿斤，"虫口夺粮"保丰收成效明显。

（三）玉米病虫害

1. 防控行动

2022年，全国农业技术推广服务中心组织专家以草地贪夜蛾、玉米螟、黏虫、棉铃虫、地下害虫、玉米大斑病、玉米小斑病、玉米南方锈病（五虫三病）为重点，制定《2022年玉米重大病虫害防控技术方案》。8月初在内蒙古通辽市举办全国绿色高质高效行动现场观摩暨玉米生产培训班，强调要全力以赴抓好玉米等秋粮生产，努力夺取秋粮丰收。8月中旬在湖南长沙召开全国秋季重大病虫害防控现场会，要求各地坚持关口前移，治早治小，攻坚克难，抓好秋粮重大病虫防控。10月上旬派出3个工作组开展"三秋"生产指导服务。

2. 防控成效

2022年，全国各级农业农村部门和植保机构充分发挥植保防灾减灾在稳定粮食生产方面的作用，突出抓好草地贪夜蛾、玉米螟、黏虫、玉米南方锈病、玉米大斑病、玉米小斑病的防控工作，兼顾其他区域性重要病虫害。草地贪夜蛾继续实施"三区四带"

布防，玉米螟实施秸秆粉碎、放蜂治螟和药剂防治，黏虫及时处置高密度发生区，玉米南方锈病以黄淮海夏玉米主产区为重点，加强监测和预防控害。据统计，全国玉米病虫害防治面积9亿亩次，玉米田杂草防治面积5.23亿亩次，挽回玉米产量损失3 032万多吨。其中，生物防治面积1.98亿亩次，理化诱控及生态调控面积1.58亿亩次，绿色防控覆盖率51.77%，比2021年提升了6.02个百分点。

3. 技术进展

（1）玉米重大病虫防控技术试验示范。 在全国6省8地开展玉米病虫草害综合防治试验示范。北方春玉米区实施播期种子处理、苗前封闭除草、苗后茎叶除草以及大喇叭口期、抽雄灌浆期两次药剂防治。黄淮海夏玉米区实行播期种子处理，苗期、大喇叭口期、抽雄灌浆期三次药剂防治。从效果看，保苗率、苗期长势、苗后除草效果比常规防治对照高3～6个百分点；虫害、病害防效比常规对照高13～20个百分点；产量调查比常规对照增产18.4%，按照玉米2.6元/千克计算，净收益393元/亩，投入产出比1∶8.5左右。

（2）草地贪夜蛾绿色防控技术集成与示范。 2022年在山东滕州、河南长葛、安徽太和、广东惠州、云南保山和昆明建立草地贪夜蛾绿色防控示范区6个，核心示范面积3 000多亩，示范带动156.2万亩，培训技术人员276人次，农户4 000人次。探索形成不同区域综合防控技术模式。在重点防范区，在前期性诱监测的基础上，中后期实施生物农药＋化学药剂防治，药后7天防效在88.4%，较农户自防区增产14.51%，较不防治对照增产47.64%，通过示范带动，当地鲜食玉米的草地贪夜蛾综合防控效果达85%以上。在周年繁殖区，采用统一玉米播期、全生育期性诱，苗期药剂防治，大喇叭口期生物农药撒心，害虫卵高峰期释放天敌灭卵。撒施甘蓝夜蛾核型多角体病毒后14天，示范区草地贪夜蛾为害株率为9.83%，为害指数4.47，虫口密度3头/百株，防效分别为76.59%（株率防效）、72.43%（指数防效）和90.32%（虫口防效）。

（四）马铃薯病虫害

1. 防控行动

各马铃薯主产区持续加强马铃薯绿色防控示范区建设，针对马铃薯早疫病、晚疫病、病毒病、地下害虫、蚜虫等主要病虫害开展绿色防控技术推广，带动各地马铃薯病虫害绿色防控覆盖面积进一步提升。全国农业技术推广服务中心年初印发《2022年马铃薯重大病虫害防控技术方案》，指导全年马铃薯防控工作开展，各地根据当地种植特点，分区分类、因地制宜，分别制定印发《"两增两减"虫口夺粮促丰收行动方案》，指导当地组织开展2022年度马铃薯病虫害防治工作。

其中，贵州省大力开展试验示范，辐射带动周边农户有效防治马铃薯病虫害，2022年项目区涉及贵州省9个市（州）39个马铃薯主产县，其中13个示范区核心示范面积3 637亩，取得了较好的应用效果。重庆市在14个马铃薯主产区县建立90个马铃薯晚疫病智能监测预警站，预警覆盖面积近90万亩，马铃薯主产区县充分利用马铃薯晚疫病预警系统，按照海拔气候精准发布马铃薯晚疫病防治预报。

2. 技术进展

（1）马铃薯晚疫病远程自动监控系统定点精准监测技术。依托比利时马铃薯晚疫病预警模型，逐步完善形成马铃薯晚疫病远程自动实时监控系统，预警预报准确率达97%，较经验预测提高近20个百分点，提升了马铃薯晚疫病预警的及时性和准确率，为科学及时防控马铃薯晚疫病提供技术支撑。

（2）微型薯整薯种植及配套农业防治技术。种薯切块种植是传统的栽植技术，带来病毒病等多种病害的传播，微型薯整薯种植结合轮作倒茬、催芽晒种等农业防治技术，可有效减少马铃薯病害的发生，是一项非常有效的绿色防控技术。

（3）理化诱控马铃薯害虫技术。采用可降解黄板、多功能诱捕器等诱杀蚜虫、地下害虫等主要害虫。在有翅蚜发生盛期，田间设置可降解黄板诱杀有翅蚜虫，同时设置多功能害虫诱捕器诱杀小地老虎、金龟子等鳞翅目成虫。

（4）植物微生态制剂配合化学药剂防治马铃薯种传、土传病害技术。应用以枯草芽孢杆菌为主的植物微生态制剂，抗重茬、防种传土传病害，具有防效高、绿色、经济的特点。据调查，该技术可促进马铃薯健康生长，植株病害减轻，对重茬马铃薯粉痂病等的防效可达43.6%，亩增产16.2%。

（5）植物源农药防治马铃薯晚疫病技术。选用丁子香酚等生物农药防治马铃薯晚疫病，具有保护期长、治疗速度快、成本低等特点，喷施1～2天后病斑即干枯愈合，边缘不再向四周扩展，对马铃薯晚疫病防效在80%以上。在马铃薯晚疫病防治过程中实现绿色防控、减药增效、生物农药替代化学农药的目标。

（6）马铃薯播期病虫害防控技术。通过合理轮作、播前种薯处理等措施，对防治种传、土传病害和地下害虫、蚜虫有事半功倍的效果。马铃薯播种前实行三年以上轮作防治土传病害和地下害虫，可与玉米、小麦、大豆等非茄科作物轮作倒茬；播前选择脱毒马铃薯原种或一级种薯播种。并在种薯切块过程中，用酒精蘸刀或 3% 来苏水、0.5% 高锰酸钾溶液浸泡切刀进行消毒，多把切刀轮换使用。种薯切块后选用对路药剂进行拌种，也可选用生物制剂拌种，防治土传、种传病害和地下害虫；对土传病害严重的地块，全田施用芽孢杆菌生物菌肥或菌剂。如果田块以黑痣病、晚疫病、疮痂病、枯萎病、黄萎病等真菌性土传病害为主，播种时沟施嘧菌酯或噻呋酰胺，如除上述病害还有其他病害发生，沟施氟啶胺及微生物菌剂等。

3. 防控成效

2022年，全国马铃薯产区高度重视马铃薯病虫害防控工作，依托先进设备，及时开展监测预警、组织防控行动，取得显著成效。据统计，2022年全国马铃薯病虫害发生面积 6 105.27 万亩次，较 2021年减少 11.6%；防治面积 8 185.82 万亩次，是发生面积的 1.34 倍，防治处置率 95% 以上。据测算，各地经防治挽回损失 152.4 万吨，其中，晚疫病挽回损失 81.13 万吨，占总挽回损失的 53.2%。

（五）大豆病虫害

1. 防控行动

2022年，我国大力实施大豆和油料产能提升工程，在黄淮海、西北、西南地区推广大豆玉米带状复合种植，在东北地区开展粮豆轮作。为落实农业农村部扩种大豆油料相关工作部署，全力做好大豆油料扩种技术支撑，全国农业技术推广服务中心制定印发了《2022年大豆油料提产能农技行动方案》《大豆玉米带状复合种植病虫草害防治技术指导意见》《大豆主要病虫害防控技术方案》，2月16日组织召开全国大豆油料提产能农技行动启动会。农业农村部有关司局和技术支撑单位开展了一系列会议培训和调研指导活动。4月下旬召开大豆"症青"防控工作研讨视频会，7月21日在贵州省福泉市召开全国大豆油料生产暨带状复合种植培训会，8月3日在河南省许昌市召开大豆"症青"防控现场会，7月组织开展大豆玉米带状复合种植除草剂使用调研指导，9月中旬组织黄淮海地区开展大豆玉米带状复合种植病虫害发生与防治调研指导活动。

2. 防控成效

据统计，2022年全国大豆病虫草害发生面积 1.99 亿亩次，防治面积 2.49 亿亩次，挽回产量损失 333.23 万吨，绿色防控覆盖率 49.39%，比 2021年提高 3.41 个百分点。从国家统计局数据看，全国大豆播种面积 1.54 亿亩，比 2021年增加 2 742.5 万亩，增长 21.7％；大豆单产 132 千克/亩，每亩产量比 2021 年增加 2.1 千克，增长 1.6％；大豆在总产量、总播种面积、每亩单产三方面均实现了大幅增加。

3. 技术进展

（1）在黑龙江开展大豆病害绿色防控试验示范。 在穆棱市北盛村建立示范区，核心示范面积 1 000 亩，辐射带动面积 2 万亩，在示范区内合理应用种子处理、理化诱控、生物防治、化学防治等技术及产品，重点防控大豆疫霉病、根腐病、菌核病、叶部病害、食心虫、蚜虫、双斑萤叶甲、红蜘蛛、地下害虫等主要病虫害。从试验结果看，70％噻虫嗪种子处理可分散粉剂防治地下害虫防治效果 82.86％，减少化学农药使用量 80％以上；35％甲霜灵种衣剂拌种防治大豆疫霉病防治效果 75％，减少化学农药使用量 90％以上；10 亿 CFU*/克哈茨木霉菌种衣剂拌种防治大豆根腐病防治效果 72.22％，减少化学农药使用量 90％以上；1 000 亿 CFU/克枯草芽孢杆菌防治大豆菌核病防治效果 75％，减少化学农药使用量 90％以上；2％苦参碱水剂防治大豆蚜虫、双斑萤叶甲防治效果 99％以上，可替代化学农药。

（2）在云南昆明、山东邹城开展大豆玉米带状复合种植病虫害绿色防控试验示范。 综合运用生态调控、理化诱控、生物防治和高效低风险化学药剂，抓住种子包衣、苗前封闭除草以及玉米喇叭口期（大豆分枝期）、玉米穗期（大豆花荚期）的病虫害防治。从测产验收看，各示范区大豆、玉米产量均明显高于对照，邹城市良种场经专家理论测产，玉米平均单产 527.3 千克/亩，大豆平均单产 106.6 千克/亩，较好地实现了"玉米不减产、多收一季豆"的生产目标，每亩可增收 136 元。

（六）油菜病虫害

1. 防控行动

2022 年，国家启动实施大豆和油料产能提升工程。为了全力支撑国家扩种大豆油料工作，全国农业技术推广服务中心及时启动开展大豆油料提产能农技行动。2 月下旬，组织制定印发《2022 年油菜主要病虫害防控技术方案》，指导各地开展防控工作。为切实抓好冬油菜病虫害防控，保障冬油菜生产安全，12 月，农业农村部组织召开冬种小麦油菜病虫害防控调度视频会，印发《长江流域冬油菜病虫害防治技术指导意见》，

---

* CFU 表示菌落形成单位。——编者注

组织举办全国小麦油菜病虫害防控技术培训班，培训人数超过 16.3 万人次。

2. 技术进展

（1）选种优良品种。因地制宜选种耐密、高产、抗倒、抗（耐）病的优质高效油菜品种。

（2）土壤处理。菌核病常发区选用盾壳霉、木霉菌以及枯草芽孢杆菌等生物菌剂对土壤进行处理，加速土壤中菌核的腐烂，减少田间菌核数量。根肿病常发区可使用石灰氮（氰氨化钙）提高土壤 pH。

（3）种子处理。针对防控对象选用合适的种衣剂对油菜种子进行包衣或拌种，减轻苗期病虫危害程度。选用生物农药多黏类芽孢杆菌、枯草芽孢杆菌进行包衣或拌种防治病害，选用噻虫嗪等进行包衣或拌种防治苗期害虫。

（4）油菜菌核病药剂预防。在油菜菌核病常发区，油菜开花始盛期（油菜主茎开花率达 80% 左右、一次分枝开花株率 50% 左右）进行药剂预防，如遇连阴雨、花期持续时间长等适宜病害发生流行天气，盛花期需进行第二次药剂预防。选用氟唑菌酰羟胺、啶酰菌胺、腐霉利、咪鲜胺、异菌脲、菌核净、多菌灵、甲基硫菌灵等药剂，以及盾壳霉或枯草芽孢杆菌等生物菌剂进行施药防治，配药时可向药液中添加具有增效作用的磷酸二氢钾、速效硼等，以达到"一促四防"的效果。

3. 防控成效

2022 年，各地农业植保技术部门综合运用农业、物理、生物、化学等各类防控措施，突出油菜主要病虫害，抓住防治关键时期施药防治，大力推广应用无人机等高效施药器械进行统防统治，有效控制了油菜菌核病、油菜霜霉病、油菜蚜虫等重大病虫发生危害。据统计，全国油菜病虫害防治面积 1.2 亿亩次，经防治挽回经济损失 110.2 万吨。其中，油菜菌核病防治面积近 0.5 亿亩次，防治后挽回损失 60.3 万吨，占总挽回损失的 54.72%；油菜霜霉病防治面积 0.19 亿亩次，防治后挽回损失 14.88 万吨，占总挽回损失的 13.50%；蚜虫防治面积 0.26 亿亩次，防治后挽回损失 21.76 万吨，占总挽回损失的 19.75%。

（七）花生病虫害

1. 防控成效

我国花生常见的病虫害种类有褐斑病、黑斑病、网斑病、锈病、青枯病、疮痂病、白绢病、茎腐病、根腐病、果腐病、根结线虫病、地下害虫、棉铃虫、蚜虫、叶螨、蓟马、甜菜夜蛾、斜纹夜蛾等。2022年，全国花生病虫草害发生面积1.49亿亩次，防治面积1.76亿亩次，挽回损失176.7万吨。绿色防控面积2 357.51万亩，绿色防控覆盖率46.24%，比2021年提高4.24个百分点。

2. 技术进展

（1）在防控策略方面。优化田间生态系统，推广抗（耐）病虫品种、健身栽培、生态调控、理化诱控、生物防治等技术措施，科学使用高效、低风险农药，推广绿色防控技术，推进花生病虫害可持续治理，保障花生生产安全。

（2）在绿色防控试验示范方面。在河南省兰考县建立花生病虫害绿色防控示范区，在示范区内优先选用抗病品种，采取清园深翻、水肥管理等农业措施，应用理化诱控、生物防治等技术产品，在病虫防治的关键时期，组织开展花生病虫综合防治现场观摩活动，发挥绿色防控示范区的示范带动效应。从示范区的效果看，病虫害平均防效为84.3%，比农民自防区高20.6%，示范区亩产352千克，较空白对照增产151千克，亩纯收益796元，投入产出比在1∶7.2左右。

二、经济作物病虫害防治

（一）棉花病虫害

1. 防控成效

2022年，全国棉花病虫害发生面积8 167.22万亩次，比2021年增加39.82万亩次，其中虫害发生6 989.19万亩次，比2021年增加了258.55万亩次，病害发生1 178.03万亩次，比2021年减少218.73万亩次。全年病虫害中等偏轻发生，虫害明显重于病害，其中棉铃虫、棉蚜、棉叶螨、立枯病、猝倒病、炭疽病中等发生，棉盲蝽、烟粉虱、斜纹夜蛾、红叶茎枯病等在局部棉区发生。2022年，全国棉花病虫害防治面积9 745.74万亩次，比2021年减少182.80万亩次，其中防虫8 452.08万亩次，防病1 293.66万亩次，分别减少100.97万亩次、81.83万亩次，挽回皮棉损失71.85万吨，取得了良好防治成效。

2. 技术进展

（1）开展新技术示范。山东、江西、新疆等省（自治区）积极争取中央和省级资金，建立了20余个棉花病虫害绿色防控示范区，开展以抗性品种、种子包衣、生物多样性、自然天敌保护利用、人工天敌释放、昆虫性信息素、微生物农药等为主的绿色防控技术措施试验示范，探索建立了"推广部门＋科研院所＋示范站点＋新型经营主体＋专业化防治服务组织"的产学研推服协同一体的棉花植保技术推广模式。

（2）开展新产品试验。全国农业技术推广服务中心在河北、山东、新疆等地组织开展金龟子绿僵菌、球孢白僵菌、多黏类芽孢杆菌等生物农药防治棉花苗病、棉蓟马、烟粉虱、棉蚜、棉叶螨等田间试验示范，不断完善田间应用技术开发和利用，同时利用棉花绿色防控示范基地，进行模式集成熟化，为下一步示范推广提供科学依据。

（二）蔬菜病虫害

1. 防控成效

2022年，全国蔬菜病虫害发生面积4.39亿亩次，其中病害发生面积1.42亿亩次，虫害发生面积2.96亿亩次；全国病虫害防治面积6.0亿亩次，挽回损失3 690.69万吨，实际损失610.36万吨。从总体看，虫害发生重于病害，尤其是烟粉虱、甜菜夜蛾、蓟马等害虫的发生呈加重趋势，番茄潜叶蛾等入侵害虫的发生呈迅速蔓延趋势。为加大蔬菜蓟马、番茄潜叶蛾的防控力度，农业农村部将蔬菜蓟马、番茄潜叶蛾纳入一类农作物病虫害目录。

露地蔬菜发生的主要病害为番茄叶霉病、晚疫病、早疫病、灰霉病、灰叶斑病、病毒病等，辣椒疫病、炭疽病、病毒病、根腐病等，瓜类霜霉病、白粉病、炭疽病、细菌性角斑病、枯萎病、根结线虫病等，十字花科蔬菜霜霉病、黑腐病、黑斑病、软腐病、菌核病、根肿病、病毒病等；害虫为蓟马、菜蚜、菜青虫、小菜蛾、黄曲条跳甲、斜纹夜蛾、甜菜夜蛾、潜叶蝇类、粉虱（烟粉虱、白粉虱）、棉铃虫、叶螨类、蜗牛（或蛞蝓）、瓜类实蝇、作物根蛆等。设施蔬菜发生的主要病害为番茄灰霉病、霜霉病、病毒病、根结线虫病、叶霉病、晚疫病、靶斑病、茎基腐病，黄瓜霜霉病、灰霉病、靶斑病、褐斑病、细菌性角斑病，辣椒灰霉病、软腐病、疫病、白粉病等；害虫为蓟马、粉虱（烟粉虱、白粉虱）、蚜虫、叶螨类、番茄潜叶蛾、潜叶蝇类等。

（1）绿色防控技术应用不断扩大。各地持续推进蔬菜病虫害绿色防控，据统计，2022年全国蔬菜绿色防控面积11 219.59万亩，平均覆盖率达到50.92％，比2021年提高6.48％。生态调控面积达到5 762.4万亩次；生物防治面积达到18 060.1万亩次，其中天敌昆虫应用面积达到 208.0 万亩次，农用抗生素应用面积 3 659.88 万亩次，植物源农药应用面积 2 241.8 万亩次，免疫诱抗剂应用面积 531.6 万亩次，昆虫性信息素应用面积 682.1 万亩次；物理防治面积达到 6 028.63 万亩次，其中黄板应用面积 2 358.1 万亩次，灯光应用面积 1 575.74 万亩次，防虫网应用面积 964.4 万亩次。

（2）深入推进豇豆绿色防控集成示范。根据农业农村部《豇豆农药残留突出问题攻坚治理方案》和《农业农村部豇豆农药残留突出问题攻坚治理工作机制和任务分工》要求，全国农业技术推广服务中心积极推进豇豆绿色防控集成示范，专题举办"豇豆减药控残绿色防控技术专家研讨视频会"，研究提出豇豆减药控残绿色防控技术建议，印发《豇豆减药控残绿色防控技术指导意见》；组织制定和印发《冬春季豇豆病虫害绿色防控技术集成示范方案》，2022 年在海南、广西、云南、广东、福建等豇豆热带种植区建立 10 个示范区，针对不同区域豇豆病虫害发生特点以及生态环境条件，集成了"全覆盖式防虫网＋""生物防治＋"等技术模式，推动豇豆绿色生产。

（3）积极组织番茄潜叶蛾绿色防控示范。针对番茄潜叶蛾在全国的快速蔓延趋势，在甘肃等地组织全国性的番茄潜叶蛾绿色防控技术培训，提高各级植保技术人员对番茄潜叶蛾发生情况、危害程度的了解，提高防范意识，提高防控技术水平；在河北、内蒙古、山西、云南、北京、甘肃等省（自治区、直辖市）组织开展番茄潜叶蛾监测和防控技术试验示范，指导各地开展防控工作；积极组织申报《番茄潜叶蛾绿色防控技术规程》农业行业标准，推进提高番茄潜叶蛾防控技术的科学性、规范性和有效性。

2. 技术进展

提倡以健康栽培为基础，以生态调控、免疫诱抗、理化诱控、生物防治为主体，化学药剂防治为辅助，开展蔬菜全程绿色防控。

（1）生态调控。种植芝麻、波斯菊等显花植物，开展间种、套种，优化蔬菜田块及周边生态环境，蓄养天敌，创造不利于病虫发生的环境条件。

（2）农业防治。采取合理轮作，选择抗（耐）病品种等，重视土壤消毒，发挥地膜覆盖的生态调控作用；蔬菜采收后，及时清理残茬，减少虫源；夏季深翻耕后高温闷棚；瓜类嫁接育苗防治枯萎病、茄科蔬菜嫁接育苗防治茄子黄萎病、茄果类青枯病及果菜类根结线虫等。

（3）以虫（螨）治虫（螨）、以菌治病（虫）。筛选出绿僵菌、枯草芽孢杆菌、哈茨木霉菌等土壤处理生防制剂，对蓟马、根腐病等防效良好；采用苏云金杆菌、小菜蛾颗粒体病毒、白僵菌、短稳杆菌和多杀霉素防治小菜蛾、斑潜蝇，斜纹夜蛾核型多角体病毒和短稳杆菌防治斜纹夜蛾，苏云金杆菌、金龟子绿僵菌、甜菜夜蛾核型多角体病毒和苜蓿银纹夜蛾核型多角体病毒防治甜菜夜蛾，白僵菌防治粉虱等。

（4）**理化诱控**。在豇豆田采用防虫网、双色地膜阻隔蓟马、斑潜蝇等小型昆虫。采用性信息素监测豇豆荚螟，准确掌握豇豆荚螟发生动态，实现精准防治，应用性诱剂、风吸式太阳能杀虫灯等绿色防控技术，减少了施药次数，有效减少化学防治2～3次，降低了农药残留超标风险。

（5）**科学用药**。优先选用生物药剂。采用绿僵菌等微生物菌剂防治蓟马；植物源农药苦参碱防治蚜虫、菜青虫和小菜蛾，苦皮藤素防治菜青虫、甜菜夜蛾和斜纹夜蛾，苏云金杆菌、印楝素防治菜青虫、小菜蛾和斜纹夜蛾，除虫菊素防治蚜虫；采用多黏类芽孢杆菌、春雷霉素、中生菌素防治细菌性病害，枯草芽孢杆菌、多抗霉素防治霜霉病、白粉病等，氨基寡糖素、宁南霉素等防治病毒病。

（三）苹果病虫害

1. 防控成效

2022年，全国苹果病虫害发生面积10 094.64万亩次。从总体发生看，病害略重于虫害，病害发生5 358.8万亩次，虫害发生4 735.82万亩次。主要病害为苹果树腐烂病、干腐病、轮纹病、褐斑病、斑点落叶病、白粉病、炭疽病、炭疽叶枯病、锈病、霉心病、病毒病等；虫害为苹果黄蚜、苹果瘤蚜、叶螨、金纹细蛾、桃小食心虫、苹果小卷叶蛾、梨小食心虫、金龟子、绿盲蝽等。橘小实蝇扩展了发生的区域和作物种类，炭疽叶枯病在嘎啦、金冠等感病品种上发生严重，霉心病在元帅、富士等感病品种及套袋果实上发生比较严重。全年苹果病虫害防治面积15 174.78万亩次，挽回损失560.83万吨，实际损失77.16万吨。

苹果各项绿色防控措施中，生物防治面积3 217.52万亩次，物理防治面积2 584.56万亩次，生态调控面积709.70万亩次。2022年植物源农药应用面积达920.02万亩次，昆虫生长调节剂应用面积达到340.5万亩次，灯光诱杀应用面积达到449.11万亩次。

2. 技术进展

提倡以病虫监测为基础，推广增施土壤厚殖增效剂和生物菌肥、花期蜜蜂授粉、病虫基数控制、免疫激活提高、性诱剂诱杀、药剂科学防治、高效器械应用的全程绿色防控技术。

（1）病虫监测。采用金纹细蛾、桃小食心虫、梨小食心虫、苹果小卷叶蛾等 4 种性诱芯监测害虫始发期和高峰期，确定防治最佳时机；采用黄板监测诱集绿盲蝽、苹果黄蚜，采用绿板监测诱集蛀干害虫。

（2）生态调控。在果园行间种植三叶草、毛苕子等豆科植物或保留低矮、浅根性自然杂草，培植果园生态环境，以发挥自然天敌控害作用，同时起到控温保湿的生态调节作用。

（3）健康栽培。清理果园，把果园病虫枝彻底清理并带出园外处置，从源头上破坏病菌及害虫的越冬场所。结合秋季果园施肥深翻土壤，消杀藏匿在表层土壤中准备越冬的病虫源等。抓住冬季剪枝后和早春萌芽前两个关键时期，采用 3～5 波美度石硫合剂进行封园和早期预防。

（4）诱导免疫。在苹果树开花前、幼果期、果实膨大初期，选用氨基寡糖素等免疫诱抗剂进行叶面喷雾，激发果树自身抗病抗逆性，促进生长，提高产量和品质。

（5）理化诱控。针对金纹细蛾、苹果小卷叶蛾等鳞翅目害虫，以性信息素诱杀为主；针对金龟子等鞘翅目害虫，配套杀虫灯、糖醋液等物理诱杀措施。科学合理使用杀虫灯，于果树开花前果园外围安装杀虫灯，害虫食叶食花高峰期傍晚开灯诱杀。

（6）科学用药。防治苹果树腐烂病，采取"改刮治为预防"的防控策略，分别在 6 月、7 月、8 月、9 月对树体进行喷施或涂刷树干，大大降低了腐烂病菌的侵染与危害，提高了防治效果；防治桃小食心虫，采取"地上和地下结合"的防控策略，利用高压机动喷雾器施用昆虫病原线虫于树下土壤中，田间诱蛾数量减少 50％左右，虫果率减少 25％，防治效果达 83％左右；防治苹果炭疽病、轮纹病、白粉病，于发病前选用枯草芽孢杆菌喷施，连续使用 2～3 次。

（四）柑橘病虫害

1. 防控成效

2022 年全国柑橘病虫害发生面积 17 845.21 万亩次。从总体发生看，虫害重于病害，病害发生面积 4 210.3 万亩次，虫害发生面积 13 634.89 万亩次。发生的主要病害为柑橘炭疽病、疮痂病、溃疡病、树脂病（砂皮病）、煤烟病等，主要害虫为柑橘潜叶蛾、柑橘叶螨、柑橘锈螨、介壳虫、蚜虫、柑橘木虱、粉虱、橘小实蝇、柑橘大实蝇、柑橘花蕾蛆、吸果夜蛾、天牛等。全年柑橘病虫害防治面积 2.72 亿亩次，挽回损失 759.02 万吨，实际损失 92.11 万吨。

各地绿色防控技术集成与示范力度不断加强，应用规模不断扩大。在各项绿色防控措施中，生物防治面积 6 718.7 万亩次，物理防治面积 3 244.59 万亩次，生态调控面积 1 847.09 万亩次。2022 年氨基寡糖素等植物诱抗剂应用面积达 173.5 万亩次，性诱剂诱杀应用面积达到 405.4 万亩次，食诱剂诱杀应用面积达到 542.78 万亩次，杀虫灯诱杀面积达到 1 189.8 万亩次，植物源农药应用面积 751.2 万亩次。

2. 技术进展

（1）农业防治。

①开展清园。在冬季剪除病虫枝，清除枯枝落叶，铲除果园内及周边的杂草集中处理，减少病虫基数。主干和大枝涂白，减小树干的昼夜温差，减轻冻害。结合冬季果园管理措施，喷施石硫合剂、矿物油等清园剂。

②合理修剪。通过大枝整形修剪、疏枝，结合冬季清园，清理树冠，去除枯枝和过密枝，降低橘园郁闭度，切断病虫传染源，减少柑橘疮痂病、叶螨、锈壁虱等病虫害的发生。

③果园生草。在果园行间种植三叶草、苜蓿、黑麦草等绿肥或牧草，实施以草治草，控制果园恶性杂草，果园周边种植蜜源植物，构建良好的自然生态环境。可减轻柑橘红（黄）蜘蛛的危害。以机械割草控制杂草生长，尽量不施用除草剂。

④捡拾处理虫果。针对柑橘实蝇的发生，从 9 月中旬至 11 月下旬，定期捡拾园中落果，每 2～3 天 1 次，高峰期 1 天 1 次，同时摘除未落的虫果，收集后集中处理。捡拾落果和摘除"未熟先黄、黄中带红"的虫果，就地置于专用虫果处理袋中，扎紧口袋密封闷杀。7～10 天果实腐烂后将烂果埋入土中作肥料，虫果处理袋可重复使用。也可将收集的虫果集中于虫果处理池中浸泡灭杀，或用生石灰处理。

（2）理化诱控。

①性信息素诱杀。柑橘潜叶蛾主害代成虫羽化始期，每亩放置 4～6 套性信息素诱捕器。诱捕器悬挂于柑橘树阴面通风处的树干上，悬挂高度要高于树冠的 1/2。

②食诱剂诱杀。在柑橘大实蝇羽化始盛期、成虫回园始期，一般在 5 月中下旬至 7 月下旬期间诱杀成虫。一是挂瓶（诱捕器）诱杀。对于上年虫果率 3% 以下的果园，可

采用糖醋药液等食诱剂挂瓶（诱捕器）诱杀成虫，每亩悬挂 8～10 个，每 7 天换 1 次诱剂。可在诱捕器外壁喷黏胶，提高诱杀效果。二是点喷诱杀。对于上年虫果率 3‰以上的果园，使用蛋白诱剂点喷，每亩喷 10 个点，每点 0.5 米²，或糖醋药液每亩喷 1/3 柑橘树，每株喷 1/3 树冠。每隔 7 天喷 1 次，蜜橘类一般喷 3～5 次，椪柑类和橙类一般喷 4～6 次。三是悬挂黏胶球形诱捕器（诱蝇球）诱杀。从成虫羽化始盛期（5 月中下旬）开始使用，每亩挂 10～20 个诱蝇球，在果园背阴通风处、离地 1.2～1.5 米高的树冠处悬挂，每个诱蝇球间距 10 米左右。可选用可降解的诱蝇球，对于使用过的诱蝇球及时回收并再利用。

(3) 生物防治。主要在春、秋两季释放胡瓜钝绥螨、巴氏钝绥螨等捕食螨防治柑橘红、黄蜘蛛。在释放捕食螨前 5～7 天，应选用螺螨酯、炔螨特等药剂全株喷雾（包括果园草丛），降低害螨数量，当每叶害螨平均低于 2 头时即可释放益螨，每株挂放 1 袋捕食螨于避光的中上部分枝处。挂放捕食螨后避免使用杀螨剂。

(4) 科学用药。

①适期用药。及时科学发布病虫情报，强调早春及时用药防治柑橘红蜘蛛压低基数。抓住关键期用药预防柑橘砂皮病、溃疡病等病害，其他病虫根据橘园发生实况强调挑治，减少普遍用药、盲目用药。

②合理用药。重点推广春雷霉素、中生菌素、矿物油、石硫合剂等生物农药、矿物源农药以及环境友好型农药。严禁超范围、超剂量、超频次用药，严禁使用禁限用农药，严格遵守安全间隔期。

三、蝗虫防治

1. 防控行动

各地强化"政府主导、属地责任、联防联控"的工作机制，围绕"飞蝗不起飞成灾、土蝗不扩散危害、迁入蝗虫不二次起飞"的总体目标，加强蝗情动态监测，全面排查蝗灾隐患，突出科学防控，做到早发现、早预警、早防治，优先采用生态调控、生物防治等绿色防控技术，在高密度发生区及时开展化学应急防治，推动 2022 年蝗虫灾害的可持续治理。

(1) 加强治蝗组织领导。2 月，全国农业技术推广服务中心组织专家制定印发了

《2022年农区蝗虫防控技术方案》，提出了防治目标、防治策略、重点区域、技术措施等，各地结合当地蝗虫发生实际，制定了本地的实施方案和应急防控方案。4月，在线召开2022年度全国蝗虫发生趋势会商会，分析研判了全年蝗虫发生趋势，重点交流了各主要蝗区的蝗虫发生动态，安排部署了全年蝗虫的监测防控指导工作。

（2）组织蝗情监测调度。 从5月初开始，各蝗区认真组织蝗情排查，开展拉网式普查，西藏、新疆等边境地区加强边境蝗情监测，准确掌握蝗虫出土时间和发育进度以及边境蝗虫迁飞动态。6月开始，启动蝗情两周一报制度，组织各蝗区定时填报蝗虫发生密度、发育龄期、发生区域、防治进展等信息，第一时间掌握各地蝗情动态和防控情况。

（3）开展技术指导服务。 各地严格落实技术方案要求，积极采用绿色治蝗技术，推进蝗虫可持续治理。山东、河北、河南、天津等省（直辖市）的湖库、沿海、沿河等地，大力推进喷洒蝗虫微孢子虫、绿僵菌等生物农药控制蝗虫密度，保护蝗区生态环境。各级植保机构组织人员下沉蝗区一线，开展防控督导和技术指导，督促各地用好用足中央农业生产救灾资金，夯实技术指导和培训服务，不断提高蝗灾的可持续治理水平。

2. 防控成效

2022年各级植保部门切实贯彻"改治并举"治蝗工作方针，积极开展蝗情排查，组织防蝗应急演练，扎实推进蝗虫联防联控、群防群控，确保蝗虫"早发现、早预警、早处置"，保障全年粮食生产安全。据统计，全国飞蝗防治面积700.52万亩次，比2021年减少59.35万亩次，北方农牧交错区土蝗防治面积506.85万亩次，比2021年减少6.65万亩次。通过防治，挽回损失17.52万吨，比2021年增加3.04万吨，为确保农业生产安全、生态安全和边境地区的稳定发展作出了重要贡献。

3. 技术进展

（1）推行生态控制。 把蝗区生态改造同黄河流域生态保护、盐碱地综合利用等重大战略有机衔接，提高改造质量成效。沿海蝗区重点推广生物多样性控制技术，实行封育草场、湿地生态保护与培育和种植紫穗槐、香花槐等蜜源植物，对适宜开垦的蝗区，垦植苜蓿、大豆、棉花、冬枣、田菁等蝗虫不喜食植物。滨湖蝗区加强生态保育，宜林则林、宜草则草，吸引鸟、蛙等自然天敌，利用生物多样性压低蝗虫基数。

（2）推进统防统治。 充分发挥植保社会化服务组织优势，通过政府购买服务等方式，组织专业化防治服务组织开展规模化、专业化统防统治，强化相邻区域协同，开展联防联控行动。山东、河北等省积极利用乡村振兴重大专项、中央农业防灾减灾救灾资金，支持重点蝗区县购置植保无人机、购买统防统治服务，有条件的地区组织飞机灭蝗，高效推进农区蝗虫防治工作。

（3）实施生物防治。 在东亚飞蝗中低密度发生区和湖库、水源保护区、自然保护区等生态敏感区，推行生物防治。优选用蝗虫微孢子虫、绿僵菌等微生物农药，合理使用苦参碱、印楝素等植物源农药。在山东开展了米曲霉防治蝗虫试验研究，加大新型治蝗生物农药试验筛选，充实丰富生物治蝗的手段和内容。

四、农田草害防治

1. 防控成效

2022 年，针对农田草害，特别是稻田、麦田、棉花田抗药性草害危害加重趋势，以作物增产增收和除草剂减量控害为目标，按照"综合防控、治早治小、减量增效"的原则，突出主要作物、恶性杂草、重点区域，坚持分类指导、分区施策，采取以农业措施为基础，化学措施为重要手段，辅以物理、生态等防治措施的综合治理策略，农田杂草防控效果显著，处置率达到 90％以上，防治效果 90％以上，杂草危害损失控制在 5％以下。据统计，2022 年我国杂草防治面积 11 824.10 万公顷次，比 2021 年增加 567.77 万公顷次，增长 5％，挽回粮食损失 3 688.62 万吨。

2. 制定防控方案

近年来我国农区杂草发生面积呈扩大趋势，叠加杂草发生种类演替和群落结构变化、对常规除草剂抗性逐渐增强等因素，危害程度逐年加重。为推动农田杂草科学防控，促进除草剂减量、安全使用，组织科研、教学、推广等行业专家，围绕水稻、小麦、玉米、大豆、马铃薯、油菜、花生、棉花等大宗农作物，提出了 2022 年农田杂草监测与防控基本思路和工作要点，制定印发了《2022 年农田杂草科学防控技术方案》，指导全国各地开展农田杂草监测调查与科学防控。

3. 主要防控措施

（1）组织试验示范。 全国农业技术推广服务中心分别在安徽宿州、山东禹城、四川中江、内蒙古巴彦淖尔等 4 省（自治区）4 地开展了大豆玉米带状复合种植除草剂筛选试验示范，试验设计旋耕灭茬、化学灭茬、不灭茬等 3 种耕作模式，筛选除草剂品种 15 个，其中，土壤封闭处理除草剂 9 个，茎叶喷雾处理除草剂 6 个。试验结果表明，从耕作模式看，旋耕灭茬模式的效果要优于化学灭茬模式，化学灭茬模式要优于不灭茬模式；从除草剂使用方式看，土壤处理＋茎叶处理的除草剂组合防治效果要优于单独使用土壤处理除草剂，单独使用茎叶处理除草剂的防治效果最差；从除草剂除草效果看，砜吡草唑＋嗪草酮、精异丙甲草胺＋丙炔氟草胺等药剂进行土壤封闭处理具有较好的除草效果；从安全性上看，主要是精喹禾灵、烯草酮等苗后茎叶喷雾除草剂安全风险较大，即使使用物理隔离措施，由于药液的蒸发和飘移，对相邻玉米也会有轻微药害，但生长后期可恢复正常。

在河南省开展麦田除草剂试验，以抗性杂草看麦娘为试验对象，以 25％环吡·异丙隆油悬浮剂为试验药剂。试验结果表明，使用 25％环吡·异丙隆油悬浮剂 250 毫升/亩防治看麦娘，对看麦娘的株防效、鲜重防效分别为 91.3％、93.4％，小麦实际亩产 338.5 千克/亩，株防效和亩产量均显著高于对照药剂 5％唑啉草酯乳油和 20％啶磺氟氯酯水分散粒剂，鲜重防效显著高于 20％啶磺氟氯酯水分散粒剂，对小麦植株安全，无明显药害产生。

（2）集成技术模式。分别建立玉米、棉花田杂草综合防控技术集成示范区，在农田杂草绿色防控理念指导下，生态调控、物理防控、农业措施与科学使用除草剂相结合的农田杂草绿色治理集成技术得到大面积推广应用。玉米田杂草示范区主要展示了覆膜除草、中耕除草、莠去津替代、"一次杀除"等控草技术。棉花田杂草示范区主要展示了覆膜除草、中耕除草、二甲戊灵减量、龙葵防治等控草技术。通过开展玉米、棉花田杂草综合防控技术集成示范，玉米、棉花田杂草防除效果达到 90％以上，减少莠去津、二甲戊灵等老旧除草剂使用量 10％以上，促进了农药减量增效，推动了农田杂草绿色防控技术应用。

五、农区鼠害防治

1. 制定方案

为有效防控农区鼠害，年初制定并印发《关于做好 2022 年农区灭鼠工作的通知》和《2022 年全国农区鼠害防控技术方案》，组织春秋季统一灭鼠，推进杀鼠剂毒饵的精准投放和毒饵站投放，指导全国各地开展农区鼠害监测调查与科学防控。9月，为支援四川省甘孜州泸定县震区灾后灭鼠行动，组织采购捐赠9 000个鼠夹、2吨鼠药，确保"大灾之后无大疫"和恢复农业生产需要。

2. 试验示范

为保护农业生态系统生物多样性，促进鼠害防控绿色发展，在内蒙古、吉林、河南、广东、广西、云南和新疆等省（自治区）组织开展生物鼠药和化学鼠药的田间药效试验示范，重点验证生物杀鼠剂0.2%莪术醇饵剂和0.25毫克/千克雷公藤甲素颗粒剂，化学杀鼠剂0.005%氟鼠灵毒饵对农区鼠害的防治效果及田间持效期，试验总结规范了药物投放量、鼠害控制效果、药物持续时间等杀鼠剂（不育剂）毒饵使用关键技术，为推进我国杀鼠剂产品提质升级，以及延缓对杀鼠剂抗药性等提供技术储备。

3. 培训指导

2022年6—9月，贵州举办"农区鼠害科学防治"农民田间学校（FFS）10期，培训农民学员300人，培训采用创新的参与式方式进行，学员满意率达100%。与此同时，还组织多名鼠害防治专业科技人员深入乡村、地头，发放宣传画、明白纸等10 000多份，宣传普及鼠害科学防治技术。12月中旬，组织科研、教学、推广等行业专家举办全国农区鼠害监测与防控技术视频培训班，交流当年鼠害防控经验，会商来年农区鼠害趋势，研究发布了2023年农区鼠害趋势预测与防控基本思路和工作重点。举办"2022年（第十九期）全国农区鼠情监测防控技术网络培训班"，培训主题为贯彻落实《农作物病虫害防治条例》有关要求，全面提升农区鼠害科学监测与防控水平，保护农业生态系统生物多样性安全。在线参会人员超过300人。专家委员会张知彬研究员、冯志勇研究员、王登副教授、王大伟副研究员、黑龙江省植保植检站林正平科长、新疆维吾尔自治区博尔塔拉蒙古自治州农业技术推广中心戴爱梅高级农艺师6位专家授课。

4. 防控成效

一年来，各地强化属地责任，扎实开展鼠害治理工作，以"保生态、护产业、健康宜居"为防控目标，以控制农林、农牧交错地带，湖区、库区和沿江（河）流域鼠密度为重点，全面控制农区鼠害发生，降低鼠传疾病在农村地区流行，取得了显著成效。据统计，2022年全国农区鼠害防治面积1 470.6万公顷，其中毒饵站灭鼠面积约210万公顷，组织农户统一灭鼠约 1 315.7 万户，农户毒饵站灭鼠面积约 217.4 万公顷，累计挽回粮食损失约 300 万吨。

六、绿色防控推进情况

开展绿色防控是实现病虫害可持续控制、确保农产品质量安全和生态安全的有效途径。通过建立各级各类绿色防控示范区，推动各级政府重视绿色防控工作，增强社会各界和农民群众对绿色防控重要性的认识，持续有效推进绿色防控工作，服务农业绿色可持续发展。

1. 加强绿色防控技术推广应用

配合种植业管理司制定了豇豆农残突出问题整治专项行动方案，制定了《豇豆减药控残绿色防控技术指导意见》《冬春季豇豆病虫害绿色防控技术集成示范方案》等文件。

针对小麦茎基腐病、小麦赤霉病、水稻螟虫防治难，以及防控技术不到位、损失较重等问题，组织植保体系研究防治关键技术，筛选特效药剂，集成全程配套技术方案，在小麦、玉米、蔬菜、茶叶等作物上共开展绿色防控新药剂、新技术试验 20 多项 60 多点次，为提高重大病虫害防治技术水平奠定了基础。

2. 加强绿色防控技术推广应用与培训

在全国建立水稻、小麦、玉米、马铃薯和果菜茶病虫害部级绿色防控示范区 25 个，带动各地以生态区域为单元，以作物生长全过程绿色防控为主线，集成推广绿色防控技术模式，推广绿色防控技术。据统计，共带动各地建立示范区 3.3 万多个，核心示范面积 3.76 亿亩，有力促进了绿色防控技术推广应用。全年举办水稻螟虫防控技术、"三棵菜"病虫害绿色防控技术线下培训班 2 期，不断提高绿色防控技术普及率。

3. 成功举办首届绿色防控高峰论坛

2022 年 12 月，全国农业技术推广服务中心借召开 2022 年全国农作物病虫害防控工作总结及绿色防控视频会之机，成功组织举办了第一届绿色防控高峰论坛。论坛主题是"绿色防控助推农业绿色高质量发展"。论坛邀请中国工程院院士、西北农林科技大学康振生教授，中国农业科学院蔬菜花卉研究所所长张友军研究员等农科教单位知名专家分别就粮食、蔬菜等作物病虫害绿色防控技术最新进展以及微生物农药、天敌昆虫等绿色防控技术应用作专题报告，并研讨了推进绿色防控的经验、发展思路与对策。各省（自治区、直辖市）植保机构相关负责人、防治科科长和防治技术人员，以及基层市（县）植保技术人员，以及相关企业代表等近 10 000 人通过腾讯会议和网络视频直播听取论坛报告。论坛对进一步宣传树立绿色防控理念，普及绿色防控知识，研讨绿色防控思路，明确绿色防控重点起到了积极推动作用，得到与会各界人员的充分肯定和积极评价。

4. 规范绿色防控覆盖评价报送

2022 年，农业农村部首次将绿色防控覆盖率信息管理系统纳入政务信息系统管理平台，将绿色防控信息采集延伸到每一个农业县（市、区），规范了绿色防控信息调度和管理。

组织全国 31 个省（自治区、直辖市）和新疆生产建设兵团植保机构对本辖区农作物病虫害绿色防控工作进行评价，据统计，2022 年全国农作物病虫害绿色防控面积 12.19 亿亩，绿色防控覆盖率 51.98%，比 2021 年提高 6 个百分点，完成了 2022 年全国农作物病虫害绿色防控覆盖率达到 50% 的目标。我国绿色防控覆盖率首次超过农作物种植面积的一半，是 2012 年的 3.42 倍，提高了 36.78 个百分点，绿色防控技术应用达到了新的起点。

经对各省数据统计分析，绿色防控覆盖率达 50% 以上的省份有 21 个，占全国的 65.6%；低于 50% 的省份有 11 个，占全国的 34.4%；高于 51.98% 的省份有 14 个，占全国的 43.8%；低于 51.98% 的省份有 18 个，占全国的 56.2%；高于 55% 的省份有 7 个，占全国的 21.9%；高于 60% 的省份有 2 个，占全国的 6.3%；低于 45% 的省份有 3 个，占全国的 9.4%。从作物情况看，茶叶病虫害绿色防控覆盖率 62.01%、果树 54.58%、粮食作物 52.36%、蔬菜 50.92%、纤维作物 50.41%、油料作物 48.1%。其中，小麦、水稻、玉米三大粮食作物绿色防控覆盖率分别为 53.58%、55.22% 和 51.77%，粮食作物中水稻最高。

5. 病虫防控技术指导"百千万"行动成效显著

开展农作物重大病虫害防控，是实现稳产保供的关键措施。开展农作物重大病虫害防控技术指导是全国各级植保机构的重要职责之一。为落实"虫口夺粮"保丰收行动要求，2022 年，全国农业技术推广服务中心首次在全国组织开展农作物重大病虫害防控"百千万"技术指导行动。

2022年3月23日，印发《全国农业技术推广服务中心关于组织开展农作物重大病虫害防控"百千万"技术指导行动的通知》（农技植保〔2022〕38号），明确行动目标、时间安排和行动内容。本次行动以种植大户、家庭农场、合作社、农药经营者、专业服务组织等为重点服务对象，以绿色防控示范区、绿色高质高效示范区、"三品一标"基地等为重点指导区域，以小麦条锈病、小麦赤霉病、水稻"两迁"害虫、稻瘟病、草地贪夜蛾、黏虫、草地螟等重大病虫害发生防控关键时期为重点指导工作时机，适时针对小麦、水稻、玉米及果菜茶病虫害开展科学防控技术指导活动。计划3—12月，在病虫害发生防治关键时期，分别组织本级100人次、省级1 000人次和地县级10 000人次植保技术人员深入生产一线，要求组织举办防治技术观摩与农民田间学校5 000场次，培训农民技术带头人50万人次以上，通过开展调研指导、技术指导、技术培训和宣传服务等方式开展病虫害防控专项指导，力争农作物重大病虫害总体危害损失率控制在5%以内，努力实现"虫口夺粮"、稳产保供目标任务。

此项行动被列入农业农村部为群众办实事重点项目。全国各级植保机构技术人员积极落实，在小麦条锈病、小麦赤霉病、水稻"两迁"害虫、稻瘟病、草地贪夜蛾等病虫害防治关键时期派员赴生产一线面对面、手把手开展技术培训和指导。受新冠肺炎疫情影响不能组织线下培训和技术指导时，通过"智慧植保"和"数字植保"等工具，"面对面"与"键对键"相结合，以视频进行远程指导、推送病虫害识别和防治短视频、发送防治技术手机短信等方式开展培训和技术指导。据统计，全国各省级植保机构派出1 393个指导组、29 791人次，市县级27 564个指导组、909 778人次，组织观摩培训及农民田间学校4.11万场次，培训指导种植大户、家庭农场、农药经营者、专业服务组织以及农民413.1万人次，发放明白纸、短信等近1.3亿条，制定防控技术方案1.12万套，其中，绿色防控技术宣传培训29 271场次共计154.3万人次。根据全国农业技术推广服务中心组织植保体系试验测算和专家分析，2022年小麦、水稻、玉米三大粮食作物病虫草害平均挽回产量损失占粮食总产的23.18%，共挽回粮食损失2 890亿斤，其中，小麦742亿斤，水稻1 098亿斤，玉米1 050亿斤；实际产量损失占粮食总产的4.00%，比2021年减少0.19个百分点。通过开展农作物重大病虫害防控"百千万"技术指导行动，切实提高了技术到位率和防治效果，减少危害损失，推动了农作物病虫害绿色防控，促进了农业绿色发展。

七、植保贡献率评价试验

近年来，由于复种指数提高、耕作制度变化和气候异常等因素影响，我国农作物病虫害发生危害居高不下，成灾概率增加，对保障国家粮食安全构成严重威胁。在党中央、国务院的领导下，农业农村部每年组织植保体系大力开展"虫口夺粮"保丰收行动，有效控制了重大病虫害发生危害，为实现农业稳产增收作出了重要贡献。但病虫害防控在保障粮食丰收中的贡献到底有多大，一直缺乏系统的评价数据。为加强农作物病虫害防控成效与植保贡献率评价工作，在多年试点探索的基础上，2022 年全国农业技术推广服务中心首次制定统一办法，组织全国 17 个省（自治区）97 个县（市、区）植保站系统开展了小麦、水稻、玉米三大粮食作物和蔬菜、水果等病虫害防控植保贡献率评价工作，取得了第一手的评价结果。

（一）评价方法

为做好评价试验研究工作，全国农业技术推广服务中心在总结分析近年来国际国内农作物病虫害发生和危害损失，以及防控挽回损失方法的基础上，着眼国家、省级和县市级等层面，制定了《农作物病虫害防控效果与植保贡献率评价办法（试行）》，组织安排全国技术力量强、有代表性的重点省份和县市植保机构承担主要农作物危害损失和防控植保贡献率评价工作。各主要作物病虫害防控植保贡献率评价任务承担省份及县（市、区）见表 2-3。

表 2-3　2022 年全国农作物病虫害防控植保贡献率评价任务承担省份及县（市、区）

作物名称	省份	县（市、区）
小麦	河北	鹿泉、栾城、永年、泊头、景县
	河南	滑县、兰考、孟津、淮阳、长葛、郾城、西平、邓州、唐河、固始
	山东	章丘、潍坊、沂水、莒南、兰陵、邹平、沾化、东平、菏泽、招远
	安徽	凤台
水稻	黑龙江	绥棱、方正、鸡东
	江苏	睢宁、大丰、靖江、通州、宜兴、太仓

（续）

作物名称	省份	县（市、区）
水稻	江西	上高、瑞昌、万安、临川、大余
	湖南	衡南、醴陵、武冈、赫山、双峰、会同
	广西	兴安、兴宾、陆川、柳城、宜州、港南、上林、八步
	四川	旌阳、三台、梓潼、苍溪、广汉
玉米	河北	鹿泉、河间、黄骅、固安、万全
	吉林	公主岭、蛟河、敦化、抚松、洮南、东丰、梨树
	河南	长葛、临颍、汝阳、滑县、卫辉、浚县、范县、淮阳、长垣
	云南	隆阳、富民、寻甸
蔬菜	辽宁	铁岭、朝阳
	山东	章丘、青州、沂南
	广东	惠阳
果树	山西	万荣、阳泉（郊区）、吉县、祁县、原平
	陕西	洛川、白水

1. 试验设计

各县级试验单位按照统一试验方案，以开展田间小区试验为主，设置完全不防治对照和严格防治、统防统治、农户常规防治共 4 种处理。其中，完全不防治对照 1 亩，不设重复；其他 3 个处理，小区面积 134～200 米²，重复 3 次。在作物收获期，实测防治处理和对照的产量，计算不同防治情况下病虫害造成的损失和防治挽回损失，为测算植保贡献率收集基础数据。

2. 危害损失率测算

试验设定，在严格防治情况下，病虫害造成的损失最轻，按理论产量计；完全不防治情况下，病虫害造成的损失最大；不同防治力度下造成的危害损失居于中间。通过测算病虫造成的最大损失率和不同防治力度的实际损失率，确定病虫害不同发生程度下的挽回损失率。其计算方法如公式（1）至公式（3）。

$$最大损失率 = \frac{（严格防治处理单产 － 完全不防治处理单产）}{严格防治处理的单产} \times 100\% \quad (1)$$

$$实际损失率 = \frac{(严格防治处理单产 - 不同防治力度处理单产)}{严格防治处理单产} \times 100\% \quad (2)$$

$$挽回损失率 = \frac{(不同防治力度处理单产 - 完全不防治处理单产)}{严格防治处理单产} \times 100\% \quad (3)$$

3. 植保贡献率计算

完全不防治情况下的产量损失率减去防控条件下的产量损失率，即为不同处理植保贡献率，亦为挽回损失率。其计算方法如公式（4）。

$$植保贡献率（\%） = 最大损失率 - 实际损失率 \quad (4)$$

4. 不同地域范围植保贡献率测算

调查明确所辖区域内病虫害的发生与防治类型分布情况，明确所辖区域内病虫害的发生面积。本试验以严格防治区、统防统治区、农户自防区为代表类型，统计其面积占比，测算病虫害造成的产量损失率和植保贡献率。

（1）县域范围的植保贡献率测算。 根据不同生态区病虫害发生程度、分布状况和防治情况调查数据，结合代表区域植保贡献率测算结果，采用加权平均的办法测算县域植保贡献率。其计算方法如公式（5）。

$$县域植保贡献率 = \sum \frac{\left[\begin{matrix} 不同防治力 \\ 度处理单产 \end{matrix} - 完全不防治单产 \right]}{严格防治单产 \times \begin{matrix} 不同发生程度面积 \\ 占种植面积的比例 \end{matrix}} \times 100\% \quad (5)$$

（2）市（地）级范围的植保贡献率测算。 参考县域范围的植保贡献率的测算方法进行，也可依据所辖各县的植保贡献率结果，加权平均测算。

（3）省域范围的植保贡献率测算。 参考县域植保贡献率计算方法，利用各个试点不同防治处理的平均单产进行计算。其计算方法如公式（6）。

$$\begin{matrix} 省域植保 \\ 贡献率 \end{matrix} = \sum \frac{\left[\begin{matrix} 不同防治力度 \\ 处理平均单产 \end{matrix} - \begin{matrix} 完全不防治 \\ 处理平均单产 \end{matrix} \right]}{严格防治处理平均单产 \times \begin{matrix} 不同发生程度面积 \\ 占种植面积的比例 \end{matrix}} \times 100\% \quad (6)$$

（4）**全国（某作物）植保贡献率的测算方法。**采用全国各省的贡献率结果加权平均计算，也可以选择有代表性的重点省份，用加权平均的办法测算全国的植保贡献率。其计算方法如公式（7）。

$$
\begin{array}{l} 某作物全国植保 \\ 贡献率（\%） \end{array} = \sum \left[省域植保贡献率 \times \begin{array}{l} 该省种植面积占统计 \\ 总种植面积的比例 \end{array} \right] \quad (7)
$$

（5）**全国农作物病虫害防控总体植保贡献率的测算方法。**采用有关主要作物全国的植保贡献率测算结果与各作物种植面积占统计农作物（如粮食）全国总种植面积的比例，加权平均进行计算。其计算方法如公式（8）。

$$
\begin{array}{l} 全国总体植保 \\ 贡献率（\%） \end{array} = \sum \left[\begin{array}{l} 某作物全国 \\ 植保贡献率 \end{array} \times \begin{array}{l} 该作物全国种植面积占统计 \\ 农作物全国总种植面积的比例 \end{array} \right] \quad (8)
$$

（二）评价结果

1. 粮食作物病虫害防控植保贡献率

经组织各有关省份系统开展评价试验，根据河南、河北、山东和安徽4省25个县（市、区）所测得单产数据分析，2022年度全国小麦病虫害（不包括杂草和鼠害）防控植保贡献率为24.17％。根据黑龙江、江苏、江西、湖南、广西和四川6省（自治区）33个县（市、区）所测得单产数据分析，2022年度全国水稻病虫害防控植保贡献率为19.23％。根据河北、吉林、河南和云南4省24个县（市、区）所测得单产数据分析，2022年度全国玉米病虫害防控植保贡献率为18.74％。依据全国小麦、水稻、玉米病虫害防控植保贡献率评价结果和三大作物面积占比，加权平均计算2022年全国农作物病虫害防控总的植保贡献率为20.19％。据此测算，通过开展农作物病虫害防控，全年共挽回三大粮食作物1.25亿吨（表2-4）。

表2-4 2022年全国农作物病虫害防控植保贡献率评价试验结果

作物名称	贡献率/%	严格防控贡献率/%	统防统治贡献率/%	农户自防贡献率/%	产量/万吨	挽回产量/万吨	播种面积/万公顷	面积占比/%	平均植保贡献率/%
小麦	24.17	33.37	27.56	19.44	13 772.30	3 328.84	2 296.20	23.87	
水稻	19.23	25.98	21.55	16.46	20 849.50	4 009.36	2 992.12	31.10	
玉米	18.74	25.91	21.73	17.47	27 253.49	5 107.30	4 332.41	45.03	

（续）

作物名称	贡献率/%	严格防控贡献率/%	统防统治贡献率/%	农户自防贡献率/%	产量/万吨	挽回产量/万吨	播种面积/万公顷	面积占比/%	平均植保贡献率/%
平均	20.71	28.42	23.61	17.79	—	—	—	—	20.19
合计	—	—	—	—	61 875.29	12 534.60	9 620.73	100.00	—

注：（1）三大粮食作物产量及播种面积数据来源于国家统计局官网；
（2）三大粮食作物植保贡献率平均值为根据播种面积占比计算的加权平均。

2. 蔬菜病虫害防控植保贡献率

经辽宁、山东和广东 3 省 11 县（区）植保体系组织开展田间试验测定，2022 年全国蔬菜病虫害防控的植保贡献率为 40.14%（表 2-5）。

表 2-5　2022 年全国蔬菜病虫害防控植保贡献率评价试验结果

省份	严格防治区		农户自防区		防控贡献率/%	全国防控贡献率/%
	挽回损失率/%	占比/%	挽回损失率/%	占比/%		
辽宁	49.23	10.8	44.94	86.9	44.37	
山东	62.88	10.8	41.82	86.9	43.13	
广东	48.10	10.8	35.37	86.9	35.93	
平均	53.40	—	40.71	—	41.14	40.14

3. 北方果树病虫害防控植保贡献率

经陕西省洛川县、白水县，山西省万荣县、阳泉市郊区、吉县植保站田间试验测定，2022 年苹果病虫害防控的植保贡献率为 35.57%（表 2-6）。经山西省晋中市祁县、忻州市原平市 2 县植保站田间试验测定，2022 年梨病虫害防控的平均植保贡献率为 44.38%（表 2-7）。

表 2-6　北方苹果病虫害防控植保贡献率评价结果

县（区）名称	严格防治区		统防统治区		农户自防区		县域植保贡献率/%	全国植保贡献率/%
	挽回损失率/%	占比/%	挽回损失率/%	占比/%	挽回损失率/%	占比/%		
洛川县	48.36	1.00	36.71	15.00	33.71	84.00	34.31	
白水县	40.24	1.00	21.34	12.00	20.43	87.00	20.90	
万荣县	61.74	13.85	51.37	66.29	47.00	19.86	51.94	

（续）

县（区）名称	严格防治区		统防统治区		农户自防区		县域植保贡献率/%	全国植保贡献率/%
	挽回损失率/%	占比/%	挽回损失率/%	占比/%	挽回损失率/%	占比/%		
阳泉市（郊区）	55.00	6.70	47.50	60.00	25.00	33.30	40.51	
吉县	49.23	3.98	29.42	92.05	28.60	3.97	30.18	
平均	50.91	5.31	37.27	49.07	30.95	45.63	35.57	35.57

表 2-7 北方梨病虫害防控植保贡献率评价结果

县区名	严格防治区		统防统治区		农户自防区		县域植保贡献率/%	全省植保贡献率/%
	挽回损失率/%	占比/%	挽回损失率/%	占比/%	挽回损失率/%	占比/%		
祁县	74.04	8	53.82	70.9	45.61	21.1	53.71	
原平市	38.29	38.87	31.86	35.43	26.57	25.7	33	
平均	56.17	23.44	42.84	53.16	36.09	23.4	43.36	44.38

（三）结果分析

（1）2022 年，粮食作物病虫害评价试验工作安排，未安排草害影响的内容。按照联合国粮食及农业组织测算的结果，一般情况下，杂草的危害损失约为 10%。近年来，我国农田杂草发生危害日趋严重，专家估计其危害损失不会低于该值。另外，部分地区还有鼠害，如果加上杂草和鼠害的防控贡献，则全国粮食作物病虫草鼠害防控的植保贡献率应该超过 30%。黑龙江和江苏两省植保机构测算的包括草害防控在内的病虫草害防控植保贡献率分别为 32.03% 和 36.69%，也印证了这一结果。

（2）2022 年，由于气候等因素影响，全国农作物病虫害总体发生偏轻。上半年，小麦条锈病、赤霉病流行程度轻于常年，发病面积减幅较大；小麦蚜虫和小麦纹枯病等发生期偏晚，未形成大发生。下半年，南方稻区受持续高温等因素影响，稻飞虱、稻纵卷叶螟、稻瘟病等重大病虫害发生轻于常年；北方玉米主产区草地贪夜蛾、黏虫等未造成大面积危害；其他病虫害发生接近常年。2022 年试验所得的评价结果仅代表病虫害偏轻发生年份的植保贡献率。

（3）2022 年，尽管全国农业技术推广服务中心制定印发了各主要作物植保贡献率试验评价方法，但从各地执行的情况看，掌握的尺度不尽一致。在试验处理、调查方法和数据分析处理上还不统一，有的地方需要进一步细化和明确，也需要在不断实践探索的基础上，进一步通过研讨交流、技术培训等方式，逐渐完善并统一方法，提高评价方法的科学性、简便性，不断提升评价结果的权威性。

另外，2022 年，蔬菜、果树病虫害防控植保贡献率评价安排的站点明显偏少，加之蔬菜、果树作物种类多，各个作物间的差异相对较大，评价方法还不统一，评价结果虽然趋势明显，但仍然需要增加站点，探索方法，以使评价结果更加客观，反映病虫害的严重性及防控成效的真实水平。

第四章
植物检疫与有害生物风险分析

一、有害生物风险分析

随着我国贸易便利化措施的实施和自由贸易区的建设，有害生物随引进种子、苗木传入的风险不断加大，2022年从国外引进种苗的批次和数量进一步增加，全国农业技术推广服务中心针对面临的新形势、新问题，组织开展农业植物有害生物风险分析工作，以首次引进和高风险种子风险评估为重点，密切关注国内外植物疫情动态，进一步完善农业有害生物风险预警机制，积极对首次引进和高风险种子开展风险评估，对潜在的危险性有害生物进行风险分析，为国外引种检疫审批和有害生物检疫管理提供技术支撑。

（一）服务国外引种检疫审批，做好引进种子风险分析

近年来，随着人民生活水平不断提高，我国畜牧业持续发展，对高蛋白优质牧草的需求不断增加，苏丹草、扁穗雀麦等优质牧草种子进口需求日益增长，也带来了更大的有害生物传入风险。根据国外引进种子种苗情况，按照《有害生物风险分析准则》等国际、国内标准，2022年，对从乌拉圭、意大利和阿根廷引进的苇状羊茅、苏丹草、扁穗雀麦、车轴草等6种植物种子开展风险分析，评估了上述种子中可能携带的100余种重点关注的有害生物，提出有针对性的风险管理措施，并建议将谷实夜蛾、少花蒺藜草、水苋等21种有害生物添加到检疫审批要求中，为引种检疫审批提供了科学支撑。

1. 从乌拉圭引进苇状羊茅种子有害生物风险评估

苇状羊茅是禾本科羊茅属的优良牧草，原产于西欧，天然分布于伏尔加河流域、北高加索地区、西伯利亚和远东地区等地。我国新疆有野生，20世纪20年代初英国、加

拿大、美国开始栽培，目前在北美洲东部湿润地区和西部干旱草原广泛种植。苇状羊茅被引入我国已多年，其自然远距离扩散能力较弱，目前没有对环境和其他作物造成不良影响的研究报道。综合其生物学特性和相关情况，苇状羊茅本身作为有害生物的风险较低。经查询 EPPO（欧洲和地中海植物保护组织）数据库、CABI（国际应用生物科学中心）数据库、中国国家有害生物检疫信息平台等数据库，能够危害苇状羊茅的有害生物较多，共有 44 种（属）有害生物，检疫性有害生物共 7 种（属），其中豚草（属）、少花蒺藜草等共 5 种（属）在乌拉圭均有发生并随种子或种子中夹带的土壤或植物病残体传播。评估建议：一是将豚草（属）、少花蒺藜草、假高粱、水苋、毛刺线虫属（传毒种类）共 5 种检疫有害生物列入从乌拉圭引进苇状羊茅种子的检疫审批要求名单；二是口岸对从乌拉圭引进的苇状羊茅开展抽样检查，一旦发现中方关注的检疫性有害生物和危险性有害生物，应采取退货、销毁、扑灭等检疫处理措施；三是对从乌拉圭引进的苇状羊茅开展抽样并在指定地点隔离试种，根据引种用途、种植区域特点等加强后续田间疫情监测，发现疫情立即处置，防止疫情扩散蔓延，关注苇状羊茅在国内的种植、分布及有害生物发生信息；四是建议引种企业要求出口商采用熏蒸、辐照等方法对种子包装进行消杀处理。

2. 从阿根廷引进扁穗雀麦种子有害生物风险评估

扁穗雀麦是禾本科雀麦属的优良牧草，自然分布于南美洲，在乌拉圭、阿根廷等国尤为常见，目前广泛分布在北美洲、南美洲、欧洲、亚洲、非洲等的多个国家，我国湖北、湖南、江西、江苏、安徽等长江中下游省份和四川、云南、广西等省（自治区）均有种植。其自然远距离扩散能力较差，扁穗雀麦本身作为有害生物的风险较低。经查询，能够危害扁穗雀麦的有害生物较多，共 39 种（属），其中判定为较高风险的有害生物 5 种（属），中风险的 6 种（属）。评估建议：一是适当控制初期引种数量，加强检疫监管，根据引种后疫情监测和风险评估情况再逐步扩大引种数量；二是在办理从阿根廷引进扁穗雀麦种子检疫审批时，将较高风险的玉米矮花叶病毒、阿根廷茎象甲、长芒苋、假高粱、长刺蒺藜草和中风险的西部苋、糙果苋、黑高粱、疏花蒺藜草、刺蒺藜草、法国野燕麦共 11 种有害生物列入检疫审批要求名单，并加强口岸抽样检查；三是对阿根廷引进的扁穗雀麦开展抽样并在指定地点隔离试种，加强后续田间疫情监测。

3. 从乌拉圭引进苏丹草种子有害生物风险评估

苏丹草是优良禾本科高粱属主栽草种之一，原产于非洲乍得、埃及、马里、尼日尔、苏丹等地，目前世界各国均有引进，在我国北京、天津、河北、山西、黑龙江、江苏、浙江、安徽、江西、广东、重庆、贵州、新疆等地均有引种栽培，苏丹草本身作为有害生物的风险不高。经查询 EPPO 数据库、CABI 数据库、中国国家有害生物检疫信息平台等数据库，可危害苏丹草的有害生物共 43 种（属），其中较高风险或中风险的检疫性有害生物 6 种（属），此外，高粱瘿蚊、南美玉米苗斑螟虽不是我国检疫性有害生物，但在我国没有发生分布，在乌拉圭有发生并能随种子、植物残体传播，也有传入我国危害的风险。评估建议：一是将草地贪夜蛾、红火蚁、谷实夜蛾、小蔗螟、丁香假单胞菌丁香致病变种、豚草（属）共 6 种（属）可能携带的有害生物及高粱瘿蚊、南美玉米苗斑螟增列入从乌拉圭引进苏丹草的进境检疫审批要求名单；二是逐步扩大从乌拉圭引进苏丹草种子数量，并对引进种子开展抽样检查和隔离试种，加强田间疫情监测，发现疫情及时处置，防止疫情扩散蔓延；三是建议进口方可要求出口方采取熏蒸等方法对种子及包装进行消杀处理。

4. 从意大利引进埃及车轴草有害生物风险评估

埃及车轴草是豆科车轴草属的牧草和草坪地被植物，原产于埃及的尼罗河流域，目前在非洲、欧洲、亚洲以及澳大利亚的许多地区有栽培，我国对埃及车轴草研究较少，据查询中国知网、植物智，我国有引种栽培，但未查到具体分布区域。目前国内外没有对其的危害报道，因此埃及车轴草本身作为有害生物的风险不高。经查询，可危害埃及车轴草的有害生物共有 48 种（属），其中木质部难养细菌共 17 种（属）传入风险较高或中等，亚隔孢壳属真菌虽不是我国检疫性有害生物，但是我国没有发生分布，在意大利有发生，并能随种子传播，评判传入风险为中等。评估建议：一是在办理从意大利引进埃及车轴草种子检疫审批时，将苜蓿黄萎病菌、棉花黄萎病菌、蚕豆染色病毒、花生矮化病毒、烟草环斑病毒、亚麻菟丝子、列当（属）、索氏短体线虫等埃及车轴草可能携带的 8 种（属）检疫性有害生物及亚隔孢壳属增列入进境检疫审批要求名单，并加强口岸抽样检测；二是对从意大利引进的埃及车轴草开展抽样隔离试种，加强田间疫情监测，并逐步扩大引种数量；三是建议出口方采取熏蒸等方法对种子及包装进行有害生物消杀处理。

5. 从意大利引进绛车轴草种子有害生物风险评估

绛车轴草是豆科车轴草属的优质牧草及稻田绿肥，原产于意大利、非洲南部和地中海沿岸地区，目前分布于北美洲的美国，亚洲的日本、印度、中国，欧洲的比利时等地中海周边国家，南美洲的智利、巴西、哥伦比亚，非洲的南非、莫桑比克，以及澳大利亚、新西兰等国家。在我国长江中下游省份和四川、云南、广西等省份均有种植。其自然远距离扩散能力较弱，本身作为有害生物的风险较低。经查询，能危害绛车轴草的有害生物共 57 种（属），其中 14 种（属）为中高风险。评估建议：一是在办理从意大利引进绛车轴草种子检疫审批时，将亚麻菟丝子、列当（属）、苜蓿黄萎病菌、蚕豆染色病毒、烟草环斑病毒、大豆黑痣病菌、豌豆耳突花叶病毒共 7 种有害生物增列入进境检疫审批要求名单，并加强口岸抽样检查；二是对从意大利引进的绛车轴草开展抽样检查和隔离试种，并加强田间疫情监测，逐步扩大引进种子数量；三是关注绛车轴草在国内的种植、分布及有害生物等信息，进一步开展对大豆黑痣病菌和豌豆耳突花叶病毒的风险分析，评估其检疫地位。

（二）关注国外有害生物发生动态，做好潜在危险性有害生物风险评估

2022 年，全国农业技术推广服务中心密切关注国内外植物疫情发生动态，持续跟踪收集有害生物信息，及时分析研判鸟灰翅夜蛾、大麦 G 病毒和玉米细菌性条斑病菌等数十种新报告有害生物发生动态。重点对鸟灰翅夜蛾、毁芽滑刃线虫和波斯茎线虫等重要有害生物开展风险评估，向种植业司报送《毁芽滑刃线虫风险分析报告》和《鸟灰翅夜蛾风险分析报告》，建议将鸟灰翅夜蛾增补列入进境植物检疫性有害生物名录，将毁芽滑刃线虫和波斯茎线虫列入相关进口寄主种苗检疫审批要求，为植物疫情监管提供了可靠的依据。

1. 对毁芽滑刃线虫的风险分析报告

毁芽滑刃线虫（*Aphelenchoides blastophthorus* Franklin，1952）属线虫纲滑刃目滑刃科滑刃属，最早于 1950 年在高加索地区发现危害高加索蓝盆花，目前主要在荷兰、瑞士、挪威、丹麦、德国、法国、英国等西欧国家发现危害。该线虫是美国、巴西的检疫性有害生物，英国和欧盟将其列为限定性非检疫性有害生物。此外，该线虫是欧盟《草莓认证计划》中规定的草莓繁殖材料中不得检出的线虫之一。我国于 2020 年 4 月首次从荷兰进境的毛蕊银莲花苗木中检测出毁芽滑刃线虫。毁芽滑刃线虫能通过带线虫的果实、叶片、幼苗、苗木、带芽枝条、球茎、鳞茎和附于植物体上的土壤传播。近年来，我国从国外引进新奇观赏性花卉苗木种类越来越多，数量越来越大，因此该线虫随

引进种子苗木传入我国风险较大，其寄主植物丰富，传入后定殖扩散风险高，建议将其列入我国进境植物检疫性有害生物名录，禁止从毁芽滑刃线虫发生区引进其寄主植物繁殖材料，在办理相关寄主植物繁殖材料进境检疫审批时将该线虫作为检疫审批要求之一，并加强引进后的检疫监管。

2. 对乌灰翅夜蛾的风险分析报告

乌灰翅夜蛾（*Spodoptera ornithogalli* Guenée）属鳞翅目夜蛾科灰翅夜蛾属，广泛分布于美洲大陆，是一种寄主范围广泛且具有严重危害性的农业害虫。日本、韩国和几内亚等国将其列为检疫性有害生物，新西兰将其列为限定性有害生物。由于2020年荷兰多次从来自美洲的天门冬属货物上截获乌灰翅夜蛾，2021年1月欧洲和地中海植物保护组织将其增补入有害生物预警名单。我国目前尚未将其列为检疫性有害生物，但其同属的海灰翅夜蛾已为我国进境植物检疫性有害生物，同属的草地贪夜蛾于2019年入侵我国之后迅速扩散并造成危害，并与2020年9月被列入我国《一类农作物病虫害名录》。乌灰翅夜蛾可随寄主植物（果蔬、植物种苗等）或土壤远距离传播，其幼虫可借助风力短距离传播扩散。我国每年从国外进口大量农产品，特别是美国、巴西、阿根廷等美洲国家是我国主要的大豆和玉米进口国，因此该虫随寄主植物及其产品进入我国的风险较高，一旦进入在我国定殖和扩散的风险高，且对我国农业生产具有较大的潜在危害。因此，建议将其列入《中华人民共和国进境植物检疫性有害生物名录》，同时在农业农村部全国植物检疫信息化管理系统中，列入从疫情发生国家和地区引进天门冬属等寄主植物繁殖材料的检疫审批要求，加强检疫监管。

3. 对波斯茎线虫的风险分析报告

波斯茎线虫（*Ditylenchus persicus*）属垫刃目粒科茎线虫属，于2017年首次在伊朗西部克尔曼沙赫省葡萄根际土中发现并描述，目前尚未有其他国家或地区报道该线虫的发生。该线虫疫区伊朗是"一带一路"的重要节点国家，近些年中国与伊朗之间的农产品贸易活动越来越频繁。风险分析认为，食用水果表面或植株根茎及其黏带的土壤是线虫扩散的重要传播方式。与此同时，我国从国外引进的葡萄繁育材料中可能夹带线虫侵染的植株，检疫难度高，因此该线虫通过繁育材料传入我国的风险较大。我国葡萄产区分布范围较广，从西北、东北、华北到西南，该线虫在我国可能具有较大的适生范围，对葡萄产业高产优质发展具有较大的潜在危害和影响。建议在传入定殖高风险区域设立监测点，建立波斯茎线虫监测体系，加强葡萄苗木调运的检疫监督管理，发现疫情及时处置。

二、国外引种检疫审批监管

（一）严格做好进口种子隔离试种

2022 年全国农业技术推广服务中心严格做好进口种子隔离试种工作，一是组织指导全国隔离检疫工作。结合近年国外引种和隔离检疫工作情况，及时印发《关于组织开展 2022 年度国外引进种苗隔离试种的通知》，明确隔离试种重点植物种类和疫情监测要求。全国 5 家隔离场对原产自美国、澳大利亚、巴基斯坦等 30 多个国家的 120 多批次的种子开展隔离试种。二是开展高风险和首次引进种子隔离试种。在做好引进境外种子风险分析的基础上，对高风险或首次引进的植物种苗开展隔离试种。规范抽样、隔离种植、检验检疫、监测报告等各项流程，提高隔离检疫的规范性、科学性。2022 年完成玉米、高粱、番茄、辣椒等 30 余批次引进植物种子的隔离试种工作，其中对来自韩国和荷兰的番茄、辣椒等 6 批次种子疑似病毒病样品实验室送检，经有关专家鉴定均未发现检疫性有害生物，防止检疫性有害生物随进口种子种苗入侵我国，确保了境外优良品种引种安全，服务种业振兴，保护生物安全。

（二）依法依规开展审批

2022 年，办理从国外引种检疫审批 11 484 批次，同比减少 11%，其中部级 2 098 批次，同比减少 13%，省级 9 386 批次，同比减少 10%。全年严格把关，驳回或要求修改有关申请 319 批次，100% 按时办结、零投诉。引进种子 9 337 批次，共 4.26 万吨，重量同比减少 22%；引进苗木 2 147 批次、15.2 亿株，数量同比增长 31%。总体来看，第一、四季度的签发数量高于第二、三季度，为从国外引种检疫审批的主要季度。从作物种类来看，百合、紫苜蓿、蕹菜等花卉、牧草、蔬菜种子引进批次较多、数量较大（表 4-1）。

表 4-1　2009—2022 年从国外引种检疫审批部分作物审批批次及数量

年度	百合批次	百合数量/百万株	紫苜蓿批次	紫苜蓿数量/千克	蕹菜批次	蕹菜数量/千克
2009	39	29	16	91 600	127	3 347 725
2010	40	19	7	30 060	127	3 763 610

（续）

年度	百合批次	百合数量/百万株	紫苜蓿批次	紫苜蓿数量/千克	蕹菜批次	蕹菜数量/千克
2011	63	49	1	6 000	97	3 213 010
2012	106	153	12	168 060	110	3 464 051
2013	158	195	79	2 781 494	120	5 614 125
2014	172	190	80	2 650 000	104	4 544 500
2015	151	212	84	2 350 000	95	3 419 020
2016	168	320	35	1 190 000	83	2 943 003
2017	198	386	51	1 380 906	97	3 777 995
2018	278	365	84	3 408 155	108	3 949 090
2019	395	410	84	3 445 010	114	4 831 004
2020	307	513	47	1 772 715	125	4 635 518
2021	305	645	170	6 221 306	168	6 254 674
2022	294	807	80	2 493 364	148	6 366 025

2022全年引种呈现"四个多"的特点：一是种苗来源国家多。引进种苗来自美国、意大利、泰国、澳大利亚等75个国家（地区），为近3年新高。二是种苗类型多。申请引进的作物种类为853种，包括百合、郁金香等花卉，紫苜蓿、燕麦等牧草，蕹菜、甘蓝等蔬菜种子，双孢蘑菇等食用菌的引进量也逐年增长。三是种植省份较多。涉及26个省（自治区、直辖市），其中广东、内蒙古、福建、云南、甘肃、山东、浙江等省份种植量大。四是引种单位较多。累计共有296家单位或个人提出申请，比去年减少8.6%。近年来从国外引进种子和苗木数量居高不下，一方面有效满足了国内育种研究和生产用种需要，另一方面也存在较大的有害生物传入危害风险。为此，农业农村部会同海关总署密切跟踪贸易相关国家有害生物发生动态，及时调整对外检疫要求和工作措施。各海关和各地农业农村部门切实做好有关寄主植物及其他限定物的进境检验检疫和疫情监测工作，一旦发现上述有害生物，依法采取检疫措施。此外，农业农村部积极推进植物检疫相关行政审批"单一窗口"、全程电子化、使用电子证照等事项的标准建设和信息对接，为管理相对人提供更加优质的服务，保障了国内用种需求。

（三）突出重点加强监管

2022 年，全国农业技术推广服务中心组织各级植物检疫机构对从国外引进的农作物种子种苗开展种植期间跟踪监测调查，重点加强对新引进作物种质资源、引进批次多数量大的种子种苗的监测，中心下达专项监测任务，开展重点监测调查，有效保证引种检疫安全。对引进的大豆开展重点监测，组织专家团队赴河北省廊坊市对 2021 年审批的大豆进行调查，了解种子引进后使用种植情况，实地踏查种植田块，检查病虫害发生情况，采集病虫害样品，督促引种企业配合后续检疫监管。各地通过不断完善工作程序，规范工作流程，提高对引进种苗后续跟踪监管能力水平，及时发现并处置了一批零星疫情。如吉林省在开展国外引进种子种植期间例行监测时，在从韩国引进的萝卜、白菜、芥菜中发现进境检疫性有害生物——十字花科黑斑病菌［*Pseudomonas syringae* pv. *maculicola* (McCulloch) Young et al.］，经核实，涉疫种子的引种目的均为对外制种，但十字花科黑斑病菌不在对方的检疫要求中。鉴于此，当地植物检疫机构限定该批种子仅做出口使用，同时指导和要求相关企业对染疫植株进行除害处置，确保检疫性有害生物不扩散，保障当地引种用种安全。

三、农业植物疫情监测

（一）总体发生情况

2022 年，全国农业植物检疫性有害生物在 29 个省（自治区、直辖市）的 1 395 个县（市、区）发生，与 2021 年相比增长 45 个发生县，发生面积 2 127.7 万亩次，与上年相比下降 0.9%。各级农业农村主管部门及植物检疫机构按照"政府主导、属地责任、分类指导、分区治理"的思路，认真落实各项工作措施，累计防治面积 7 652.9 万亩次。红火蚁、柑橘黄龙病菌等引发的植物疫情在 153 个县级行政区报告新发生，列当（属）等 16 种（属）检疫性有害生物在 68 个县级行政区报告根除。总体来看，2022 年红火蚁、大豆疫霉病菌处于扩散高风险期，发生面积较大，柑橘黄龙病菌、苹果蠹蛾、梨火疫病菌、扶桑绵粉蚧等仍对农业生产安全构成潜在威胁，国内植物疫情形势依然严峻（表 4-2）。

表4-2　2022年各地发生的全国农业植物检疫性有害生物名单及县级行政区数量

地区名称	植物检疫性有害生物名称	发生县级行政区数量/个
北京	稻水象甲	2
天津	稻水象甲、苹果蠹蛾、假高粱、扶桑绵粉蚧	6
河北	列当属、稻水象甲、番茄溃疡病菌、腐烂茎线虫、苹果蠹蛾、黄瓜黑星病菌	16
山西	稻水象甲、列当（属）	8
内蒙古	瓜类果斑病菌、列当（属）、苹果蠹蛾、番茄溃疡病菌、稻水象甲、腐烂茎线虫、黄瓜黑星病菌、大豆疫霉病菌	39
辽宁	稻水象甲、苹果蠹蛾、黄瓜黑星病菌、瓜类果斑病菌、腐烂茎线虫、黄瓜绿斑驳花叶病毒、列当（属）	49
吉林	稻水象甲、苹果蠹蛾、腐烂茎线虫、黄瓜黑星病菌、番茄溃疡病菌、瓜类果斑病菌、列当（属）	47
黑龙江	苹果蠹蛾、稻水象甲、大豆疫霉病菌、瓜类果斑病菌、腐烂茎线虫、黄瓜黑星病菌、番茄溃疡病菌、马铃薯甲虫、十字花科黑斑病菌	64
上海	葡萄根瘤蚜、扶桑绵粉蚧	1
江苏	水稻细菌性条斑病菌、扶桑绵粉蚧、假高粱	32
浙江	扶桑绵粉蚧、亚洲梨火疫病菌、红火蚁、水稻细菌性条斑病菌、柑橘黄龙病菌（亚洲种）、稻水象甲、黄瓜绿斑驳花叶病毒	45
安徽	水稻细菌性条斑病菌、腐烂茎线虫、大豆疫霉病菌、稻水象甲、扶桑绵粉蚧、黄瓜绿斑驳花叶病毒、亚洲梨火疫病菌	41
福建	水稻细菌性条斑病菌、扶桑绵粉蚧、黄瓜绿斑驳花叶病毒、香蕉镰刀菌枯萎病菌4号小种、红火蚁、柑橘黄龙病菌（亚洲种）、稻水象甲、瓜类果斑病菌	77
江西	稻水象甲、柑橘黄龙病菌（亚洲种）、红火蚁、扶桑绵粉蚧、水稻细菌性条斑病菌、柑橘溃疡病菌	72
山东	腐烂茎线虫、稻水象甲	11
河南	腐烂茎线虫、大豆疫霉病菌、稻水象甲、葡萄根瘤蚜	31
湖北	水稻细菌性条斑病菌、红火蚁、稻水象甲、毒麦、番茄溃疡病菌、十字花科黑斑病菌、假高粱、黄瓜绿斑驳花叶病毒	44
湖南	柑橘黄龙病菌（亚洲种）、红火蚁、稻水象甲、葡萄根瘤蚜、扶桑绵粉蚧、假高粱、瓜类果斑病菌、蜜柑大实蝇、水稻细菌性条斑病菌	83

（续）

地区名称	植物检疫性有害生物名称	发生县级行政区数量/个
广东	红火蚁、柑橘黄龙病菌（亚洲种）、香蕉镰刀菌枯萎病菌4号小种、扶桑绵粉蚧、水稻细菌性条斑病菌、稻水象甲	128
广西	柑橘黄龙病菌（亚洲种）、水稻细菌性条斑病菌、红火蚁、黄瓜绿斑驳花叶病毒、香蕉镰刀菌枯萎病菌4号小种、扶桑绵粉蚧、葡萄根瘤蚜、瓜类果斑病菌	110
海南	水稻细菌性条斑病菌、香蕉镰刀菌枯萎病菌4号小种、假高粱、红火蚁、柑橘黄龙病菌（亚洲种）、黄瓜绿斑驳花叶病毒、番茄溃疡病菌	24
重庆	红火蚁、稻水象甲、柑橘溃疡病菌	30
四川	稻水象甲、红火蚁、柑橘黄龙病菌（亚洲种）、蜜柑大实蝇、水稻细菌性条斑病菌、马铃薯金线虫、黄瓜绿斑驳花叶病毒	99
贵州	水稻细菌性条斑病菌、稻水象甲、菜豆象、红火蚁、柑橘黄龙病菌（亚洲种）、蜜柑大实蝇、马铃薯金线虫、内生集壶菌	73
云南	水稻细菌性条斑病菌、香蕉镰刀菌枯萎病菌4号小种、红火蚁、菜豆象、稻水象甲、柑橘黄龙病菌（亚洲种）、马铃薯金线虫、内生集壶菌、蜜柑大实蝇、扶桑绵粉蚧	101
陕西	稻水象甲、李属坏死环斑病毒、列当（属）、腐烂茎线虫、葡萄根瘤蚜、毒麦	24
甘肃	苹果蠹蛾、梨火疫病菌	30
宁夏	稻水象甲、苹果蠹蛾、瓜类果斑病菌、黄瓜黑星病菌、番茄溃疡病菌	18
新疆	马铃薯甲虫、列当（属）、苹果蠹蛾、梨火疫病菌、瓜类果斑病菌、稻水象甲、扶桑绵粉蚧	80
新疆生产建设兵团	梨火疫病菌、苹果蠹蛾、列当（属）、扶桑绵粉蚧	10
合计		1 395

（二）部分重大疫情发生情况

（1）红火蚁。在12个省（自治区、直辖市）的589个县（市、区）发生。新增疫情发生县级行政区52个（云南19个，四川9个，浙江8个，湖南6个，广西、重庆各

3 个, 江西 2 个, 湖北、海南各 1 个), 增幅较去年降低 60%, 根除疫情县级行政区 2 个 (浙江、广东各 1 个)。全年发生面积 623.0 万亩, 比上年减少 10 万亩, 减幅 1.6%, 发生面积首次出现下降拐点。大部分发生区的发生程度在 2 级以下, 因红火蚁危害导致农田弃耕和人畜受叮咬相关报道明显减少。2022 年, 农业农村部会同有关部门坚决贯彻党中央、国务院决策部署, 各地落实责任、多措并举、持续加力, 红火蚁防控工作取得阶段性成效。在中央财政资金的支持下, 全年累计防治面积达 1 732.8 万亩次, 疫情防控处置能力得到提升。但是当前红火蚁仍处于加速传播阶段, 扩散蔓延态势严峻, 下一步要积极协调相关部门坚持前一阶段的好经验、好做法, 按照"源头控制、协同联防、检防结合"的思路, 重点从压实防控责任、狠抓检疫监管、强化监测预警、推进科学防控、加强支持保障等五方面落实, 坚决控制红火蚁蔓延危害。

(2) 大豆疫霉病菌。 在 4 个省 (自治区、直辖市) 的 50 个县 (市、区) 发生, 新增疫情发生县级行政区 18 个 (黑龙江 18 个)。全年发生面积 103.7 万亩, 比上年增加 37.4 万亩, 增幅 56.4%。2022 年, 各省份大豆种植面积增长, 因受到土壤带菌率较高、雨水及温湿度条件适宜、种子包衣措施不到位、抗病品种少等因素影响, 大豆疫霉病菌在黑龙江等局部地区存在偏重发生及扩散发展的趋势。下一步, 要强化主要制种省 (自治区、直辖市) 检疫管理, 强化产地检疫, 增加抽检比例, 引导培育使用抗病品种, 强化快速检测技术应用, 加快推进大豆疫霉病菌种子处理及全程防控技术研究, 提升疫情早发现、早处置的能力。

(3) 柑橘黄龙病菌 (亚洲种)。 在 10 个省 (自治区、直辖市) 的 328 个县 (市、区) 发生, 新增疫情发生县级行政区 6 个 (广西 3 个、湖南 2 个、云南 1 个), 根除疫情县级行政区 3 个 (云南 3 个)。全年发生面积 196.3 万亩, 比上年减少 17.7 万亩, 减幅 8.3%。按农业农村部统一部署, 有关省 (自治区、直辖市) 加强柑橘黄龙病综合治理, 按照"防疫病、保产业"的思路, 重点推进发生区联防联控和前沿区阻截防控, 全年防控面积 3 546.2 万亩次。大部分发生省 (自治区、直辖市) 平均病株率控制在 5% 以内, 大部分发生省 (自治区、直辖市) 将传病虫媒密度控制在较低水平。下一步, 贯彻落实"苗、虫、铲、检"技术路径, 扎实做好关键通道阻截防控和发生区综合治理, 遏制病害扩散蔓延, 保障柑橘生产安全。

(4) 苹果蠹蛾。 在 9 个省 (自治区、直辖市) 的 160 个县 (市、区) 发生。新增疫情发生县级行政区 18 个 (新疆 8 个, 黑龙江、新疆生产建设兵团各 3 个, 内蒙古 2 个,甘肃、宁夏各 1 个），铲除疫情县级行政区 2 个（新疆、新疆生产建设兵团各 1 个）。全年发生面积 52.2 万亩次，比上年增长 0.7 万亩次，涨幅 1.4%。在农业农村部支持下，甘肃、新疆、辽宁等发生省份建立了一批综合治理示范区，发生区果园虫口密度均控制在 3% 以内，蛀果率明显下降。河北隆化县及时清理果园及周边等苹果蠹蛾可能越冬的场所，使用性信息素迷向防控技术建立疫情阻截带，有效遏制了苹果蠹蛾的扩散势头。下一步，要在河北、宁夏等疫情扩散前沿区重点布控，组织各地继续加大疫情监测与阻截力度，强化果品检疫监管，加强区域联防联控，严防疫情向未发生区及苹果主产区扩散。

（5）梨火疫病菌。在 2 个省（自治区、直辖市）的 58 个县（市、区）发生，新增疫情发生县级行政区 3 个（甘肃 2 个、新疆 1 个），铲除疫情县级行政区 10 个（新疆 10 个），发生面积 12.9 万亩。亚洲梨火疫病菌在 3 个省（自治区、直辖市）的 7 个县（市、区）发生，全年发生面积 658 亩。梨火疫病菌在新疆大部梨、苹果产区总体中等发生，在甘肃河西走廊的部分果园点片发生，亚洲梨火疫病菌在浙江西北部、安徽东部、重庆东北部的部分苹果、梨果园零星发生。疫情随传粉昆虫、农事操作等在已发生县（市、区）扩散风险较高，存在进一步传入苹果、梨优势产区的风险。下一步，要逐步建立"政府主导、属地责任、联防联控"的防控机制，实行"分类指导、分区治理、综合防控"策略。在发生区加强检疫监管，防范疫情传出，加强病株清除、药剂防治、安全授粉、工具消毒等综合治理措施，压低病园率和病株率；未发生区做好监测调查，落实预防措施，及时发现、有效处置新发零星疫情点。

（6）扶桑绵粉蚧。在 13 个省（自治区、直辖市）的 67 个县（市、区）发生。新增疫情发生省级行政区 11 个（浙江 4 个，新疆生产建设兵团 2 个，上海、江苏、江西、广西、新疆各 1 个），根除疫情省级行政区 9 个（湖南 4 个，浙江、福建各 2 个，湖北 1 个），全年发生面积 1.2 万亩，与上一年基本持平。2022 年 2 月，新疆鄯善县 200 余座大棚暴发扶桑绵粉蚧疫情，当地政府启动应急预案，采取了销毁染疫植株、封棚熏蒸、化学药剂防控等应急措施，及时控制疫情。同时，加大对调往新疆花卉的检疫监管力度，最大限度降低疫情调运传入风险。下一步，继续加强疫情监测和检疫监管力度，防范扶桑绵粉蚧扩散至棉田危害，保障国家棉花供给和新疆棉花产业发展安全。

四、重大疫情阻截防控

（一）抓住基础重点，强化疫情阻截

在农业农村部的统一部署下，各级植物检疫机构切实加强国内产地检疫和调运检疫，强化对调运植物、植物产品的检疫监管。产地检疫方面，水稻、玉米、小麦等主粮作物产地检疫面积基本达到全覆盖，果树、蔬菜、花卉等农作物种苗检疫覆盖率逐步提升，产地检疫批次、涉及植物和植物产品数量有一定的增长。调运检疫方面，省内、省间调运检疫批次、涉及植物和植物产品数量增长较快。

1. 产地检疫

2022年，各级植物检疫机构严格按照法规规范开展植物及植物产品产地检疫，切实降低检疫性有害生物随植物及植物产品传播风险。全年签发产地检疫合格证6.0万份，产地检疫总面积3 194.8万亩，种子总质量1 399.1万吨，苗木574.6亿株。

从各省情况来看，31个省（自治区、直辖市）都出具了产地检疫合格证。从签发数量来看，各省差异很大，新疆、黑龙江、甘肃、山东、河南5省（自治区）年签发量超过2.8万份，占全国总数46%。从产地检疫面积来看，黑龙江、河南、山东、新疆、甘肃、江苏、安徽等10个省（自治区）产地检疫面积在100万亩以上，占全国的79.6%。从产地检疫种子质量上看，黑龙江、河南、甘肃3省占全国的34%。从产地检疫苗木数量上看，广东、安徽、重庆、浙江、湖南、四川、福建共7省（直辖市）年度超524亿株，占全年苗木产地检疫数量的91%（表4-3）。

表4-3 2022年各地产地检疫情况

地区名称	签发数量/份	申请单位/个	作物种类/种	作物品种/个	面积/亩	质量/千克	株数/株
北京	239	55	50	775	13 782	5 424 956	27 707 895
天津	233	34	31	1 650	38 070	16 684 257	110 126 000
河北	1 920	391	110	6 934	1 193 746	589 315 939	492 893 800
山西	919	163	80	3 002	171 576	82 902 738	35 964 000
内蒙古	983	284	79	3 530	1 083 511	784 301 918	5 000 000

（续）

地区名称	签发数量/份	申请单位/个	作物种类/种	作物品种/个	面积/亩	质量/千克	株数/株
辽宁	3 017	479	251	12 835	458 830	140 680 988	563 113 188
吉林	894	238	88	6 477	232 225	107 907 795	18 565 000
黑龙江	4 848	455	74	9 018	5 010 672	1 664 586 297	51 410 000
上海	263	50	75	977	48 776	31 599 554	12 800 000
江苏	3 005	289	76	3 872	2 673 152	1 194 230 023	36 275 700
浙江	1 294	316	272	2 143	237 182	68 224 404	1 611 475 676
安徽	2 547	432	96	7 262	1 849 518	940 495 872	2 585 982 600
福建	1 639	213	31	1 971	413 068	93 734 157	1 172 482 100
江西	1 179	207	45	2 210	443 464	110 546 351	14 545 840
山东	3 843	678	159	12 113	3 079 706	1 283 845 164	547 213 120
河南	3 704	780	92	7 379	3 782 233	1 624 766 856	135 426 861
湖北	940	219	111	2 879	377 138	155 596 447	207 248 580
湖南	1 443	281	109	3 450	539 451	109 129 177	1 450 590 616
广东	1 308	191	153	3 892	277 808	17 225 959	42 713 412 000
广西	543	155	58	1 682	116 740	24 831 936	337 563 600
海南	1 800	780	69	7 629	269 006	65 709 082	4 798 740
重庆	732	219	93	2 212	243 837	282 090 826	1 736 655 978
四川	2 487	689	196	6 658	788 714	194 826 648	1 214 552 516
贵州	402	196	106	987	289 643	96 230 187	886 416 078
云南	1 749	456	134	3 787	587 198	654 827 990	480 180 312
西藏	0	0	0	0	0	0	0
陕西	769	219	87	2 841	561 843	766 467 684	607 481 738
甘肃	4 737	665	257	29 854	2 756 898	1 487 883 604	158 673 300
青海	202	39	30	143	214 815	60 656 987	940 000
宁夏	781	117	69	1 899	190 300	155 374 423	237 610 500
新疆	10 879	517	103	10 483	2 900 794	811 225 886	5 000 000
新疆生产建设兵团	1 057	266	28	1 833	1 104 119	369 230 109	20 000
合计	60 356	—	—	—	31 947 815	13 990 554 211	57 462 125 738

从农作物看，水稻、玉米、小麦、大豆、棉花产地检疫合格证数量占全年总产地检疫合格证签发数量的47.7%，产地检疫面积和质量分别占总面积、总质量的83.7%和71.2%，其中小麦的产地检疫面积和质量远远高于其他作物，棉花的各项数据均为最低（表4-4）。

表4-4 2022年主要农作物产地检疫情况

作物	签发数量/份	申请单位/个	面积/亩	质量/千克
水稻	9 356	1 123	4 809 237	1 993 786 423
玉米	9 065	1 578	4 507 808	1 944 230 641
小麦	6 463	1 442	10 441 527	4 772 414 428
大豆	3 126	552	5 512 064	1 056 292 268
棉花	753	186	1 471 465	195 230 258

2. 调运检疫

2022年，各级植物检疫机构共签发农业植物、植物产品调运检疫证书37.0万份，经检疫合格调运种子332.8万吨、苗木56.6亿株，其中省内调运20.3万批次，调运种子140.42万吨、苗木12.88亿株，省间调运16.7万批次，调运种子192.4万吨、苗木43.8亿株。

按省内、省间调运分析，从省内调运检疫情况看，1月、2月、12月签证量均高于3万份；8—12月调运种子质量均在11万吨以上；4月苗木调运量为3.1亿株，为全年最高，3月、5月、10月和11月调运量也在1.0亿株以上。从省间调运检疫情况看，1—3月、11月和12月签证数量均高于1.8万份；1月、3月、9—12月调运种子质量均在13万吨以上；4月、5月苗木调运量均超过10亿株，远高于其他月份。

按调运省份分析，四川、贵州、河南、广西、浙江、河北共6省（自治区）省内调运证书签发量超过1万份，占全国的68.8%；河南、黑龙江、江苏、湖南、四川、河北、贵州、云南、山东、甘肃共10省省内调运种子质量超过5万吨，占全国的79.8%；浙江、河北、四川、贵州、湖北共5省省内调运苗木均超过1亿株，总数量占全国的80%（表4-5）。四川、甘肃、安徽、浙江、河南共5省（自治区、直辖市）省间调运证书签发量超过1万份，占全国的48%；山东、甘肃、四川、河北4个省省间调运作物种类较多，均超过150种，其中甘肃省省间调运作物品种超过1万个；甘肃、浙江、海南、山东、四川共 5 省省间合计调运种子质量占全国的 44%；浙江省省间调运苗木量占全国的 48%（表 4-6）。

表 4-5　2022 年省内调运检疫情况

地区名称	签发数量/份	申请单位/个	作物种类/种	作物品种/个	质量/千克	株数/株
北京	4	4	2	4	30 167	0
天津	98	18	27	399	245 015	0
河北	10 759	268	79	1 412	87 691 658	194 469 834
山西	1 561	62	12	557	4 244 601	30 039
内蒙古	3 388	186	37	1 313	30 220 429	3
辽宁	2 835	182	80	1 978	7 953 692	24 022 153
吉林	1 501	146	28	1 092	8 854 830	851 109
黑龙江	2 940	155	12	1 062	175 282 250	56 000
上海	46	13	20	157	1 037 303	0
江苏	5 847	189	62	1 361	116 512 532	0
浙江	11 110	212	132	3 644	23 160 095	462 732 534
安徽	4 164	207	24	1 314	34 479 803	1 933 020
福建	41	8	16	157	2 540 251	2 400
江西	5 453	94	20	886	27 761 108	659 011
山东	5 326	249	86	1 531	74 852 818	32 823 354
河南	27 431	729	63	2 946	245 859 659	50 245 151
湖北	1 450	135	37	735	15 248 854	108 512 959
湖南	8 433	244	54	2 489	107 313 738	15 795 436
广东	1 198	82	67	1 229	4 172 272	965 425
广西	12 245	155	40	1 728	39 813 848	10 617 405
海南	657	25	4	168	999 365	0
重庆	5 505	250	66	1 310	16 623 303	11 688 552
四川	45 289	825	163	4 797	90 219 207	152 092 335
贵州	32 633	596	74	2 093	82 617 494	121 893 342
云南	6 203	353	88	1 843	78 926 885	31 233 489
西藏	0	0	0	0	0	0

（续）

地区名称	签发数量/份	申请单位/个	作物种类/种	作物品种/个	质量/千克	株数/株
陕西	2 807	284	92	1 450	15 981 225	12 074 850
甘肃	1 154	191	77	1 245	61 591 194	930 910
青海	83	1	8	10	171 967	0
宁夏	209	29	21	140	1 233 460	4 591 000
新疆	2 272	126	51	798	47 518 641	50 000 000
新疆生产建设兵团	21	8	4	69	1 077 180	5 600
合计	202 663	—	—	—	1 404 234 846	1 288 225 911

表4-6　2022年省间调运检疫情况

地区名称	签发数量/份	申请单位/个	作物种类/种	作物品种/个	质量/千克	株数/株
北京	1 545	55	47	1 661	5 092 148	82 350
天津	1 371	37	52	1 035	692 932	126 000
河北	5 127	386	151	3 309	26 113 846	26 511 427
山西	2 902	153	68	1 255	6 793 097	2 524 354
内蒙古	1 748	189	27	1 124	104 976 815	4 965 000
辽宁	5 648	327	133	4 108	12 843 340	56 234 484
吉林	3 476	183	36	2 337	37 118 326	1 788 750
黑龙江	2 230	228	32	2 047	16 409 759	2 441 097
上海	409	46	52	396	2 774 993	88 052 286
江苏	2 169	219	60	1 342	52 314 298	36 845 966
浙江	14 503	339	141	6 487	7 903 544	2 103 869 751
安徽	14 716	303	73	2 568	27 971 922	1 284 896 240
福建	1 894	196	32	1 484	64 711 022	129 628 650
江西	2 354	171	49	1 448	52 683 196	12 697 320
山东	8 676	662	208	4 416	34 990 674	155 503 107
河南	12 103	539	96	3 288	63 715 381	11 493 864

（续）

地区名称	签发数量/份	申请单位/个	作物种类/种	作物品种/个	质量/千克	株数/株
湖北	4 577	199	61	1 939	27 430 826	52 915 911
湖南	8 527	310	96	1 861	36 493 197	57 439 924
广东	3 480	205	113	933	49 370 780	9 507 367
广西	6 548	458	71	1 069	48 996 732	17 496 510
海南	2 361	596	41	5 619	49 647 433	450 508
重庆	1 845	138	44	753	13 215 606	4 264 928
四川	24 304	637	158	4 145	86 634 574	169 696 301
贵州	2 423	137	41	737	40 258 825	55 373 476
云南	9 219	380	120	2 591	75 669 509	60 706 145
西藏	0	0	0	0	0	0
陕西	1 855	324	88	1 139	17 735 451	17 215 007
甘肃	15 465	530	169	12 631	672 491 831	1 001 500
青海	131	24	15	37	6 999 029	120 000
宁夏	955	80	32	492	19 316 106	3 372 000
新疆	3 433	314	53	2 791	162 149 718	703 000
新疆生产建设兵团	994	110	10	755	100 359 558	9 000 000
合计	166 988	—	—	75 797	1 923 874 466	4 376 923 223

　　按调运检疫作物分析，5种主要农作物签发省内调运检疫证书数量占总量的85%，调运种子量占83%，签发省间调运检疫证书数量占总量的63.7%，调运种子量占77%（表4-7）。

表4-7　2022年主要农作物种子调运检疫情况

作物	省内			省间		
	签发数量/份	申请单位/个	质量/千克	签发数量/份	申请单位/个	质量/千克
玉米	85 291	2 297	243 058 676	62 184	1 630	1 076 140 005
水稻	59 325	1 455	379 414 981	35 626	755	290 721 531

（续）

作物	省内			省间		
	签发数量/份	申请单位/个	质量/千克	签发数量/份	申请单位/个	质量/千克
小麦	25 283	972	460 957 894	6 250	564	96 757 339
大豆	2 822	265	79 697 321	2 131	224	21 771 516
棉花	437	51	4 541 646	222	60	1 230 957
合计	173 158	5 040	1 167 670 518	106 413	3 233	1 486 621 347

（二）突出重点区域和重点环节，加强检疫监管

在农业农村部统一部署下，各级植物检疫机构在保障优质种质资源安全使用和加强重要种子繁育基地疫情防控能力建设上下功夫，针对国家级"两杂"种子生产基地、区域性良种繁育基地等重点地区，组织开展检疫专项检查，落实基地建设单位防范植物疫情责任，强化生产经营单位守法意识，提升植物检疫监督管理水平。

针对水稻制种基地，2022年，全国农业技术推广服务中心组织上海、江苏、安徽、福建、湖南、四川共6省（直辖市）的专职植物检疫员组成联合监测调查组，开展了水稻制种基地检疫工作检查。督促检查当地植物检疫机构工作开展情况，核实掌握企业植物检疫预防控制手段。针对海南南繁基地、西北玉米种子种苗集中繁育基地、蔬菜种子种苗集中种植区，有关省（自治区、直辖市）组织开展联合检疫检查活动，切实提升了产地检疫覆盖率、疑似样品检测率和零星疫情处置率。

（三）突出重大疫情，加强疫情防控

2022年，按照"分类指导、分区治理"的总体工作思路，各地积极开展相关疫情阻截防控工作。对新传入、分布范围小的疫情，重点组织开展铲除扑灭，2022年累计铲除列当（属）等零星疫情点66个。对发生区域不广、对产业威胁较大的重大疫情，重点组织开展阻截防控。针对新疆马铃薯甲虫，利用较好的自然隔离条件，通过设立固定监测网点、铲除传播通道寄主植物、管控发生区产品调运等措施，牢牢将其控制在新疆北疆区域长达27年。针对苹果蠹蛾，西线抓住残次果品调运这一高风险点，采取阻截劝返、定点加工、应急处置等措施，一直将疫情阻截在甘肃兰州以西；东线采取性信息素迷向、大规模统防统治等方式，严防其传入黄土高原和胶东半岛苹果优势产区。对

发生范围较广的疫情，重点组织开展综合治理，降低传播风险，减轻危害损失，保护产业发展。江西、广西等省（自治区）采取清除染病植株、统一防控木虱、推广健康种苗、强化检疫监管等综合措施，初步遏制柑橘黄龙病的暴发态势，产业逐步恢复。各水稻主产区采取"秧田防控、带药移栽"等综合措施，长期将稻水象甲危害程度控制在3%以内。

1. 红火蚁防控

2022年农业农村部和财政部持续贯彻落实党中央、国务院决策部署，牢固树立风险意识，强化联防联控，各部门、各地区协同共进，坚决控制住红火蚁蔓延危害态势。

2022年，在中央财政资金的支持下，农业农村部会同各地各部门紧密合作、上下联动，坚持"源头控制、协同联防、检防结合"，工作再加力，措施再加强，取得了初步成果，具体表现为"三减一增"。一是发生面积减少。各省份采用多种形式，组织开展了春、秋两季全国性、大范围、大规模的统防统治，所有发生区基本做到普防2次，发生面积首次出现下降拐点，其中，广东、福建下降明显。二是发生程度减轻。接近90%的发生控制在1、2级轻发生程度（每亩活蚁巢数≤5个，每亩每诱集瓶诱集工蚁≤100头）；5级重发（每亩活蚁巢数>30个，每亩每诱集瓶诱集工蚁>300头）占全国发生面积小于1%，较历史最高峰的2018年底下降60%以上。因红火蚁危害程度减轻，各地反映未出现因红火蚁危害导致农田撂荒的情况，很多发生地农民反映受红火蚁叮蛰的情况明显减少，感谢政府为农民做了实事好事。三是扩散速度减慢。各地监测报告，2022年红火蚁仍在12个省份发生，未扩散到新的省份。福建、贵州两省份没有新增疫情发生县。云南、浙江等9个省份累计报告红火蚁在31个县新发，新增县级行政区较2021年减少了76%，增速明显放缓。此外，我国最北红火蚁疫情区域四川省广元市利州区报告根除，全国30多个疫情发生点也有望根除。四是支持保障增强。2021年以来，中央财政带动地方投入近1.1亿元，其中广东近8 000万元、福建2 500万元、重庆500万元。同时，住房和城乡建设部、国家林业和草原局、交通运输部等部门也增加相应投入，安排人员开展监测调查和防控处置。科学技术部会同农业农村部设立红火蚁国家重点研发专项，投入资金4 000万元，引领地方投入1 645万元，开展红火蚁防控关键技术研究与集成示范。各地强化对专业化防控组织的工作指导和监督，通过评价筛选、优胜劣汰，培养、扶植、壮大了一批专业化防控组织，有力保障了防控的"作业面"。

按照 2021 年的中央九部门文件，各部门各地区不断完善工作机制，推进落实监控责任。住房和城乡建设部、国家林业和草原局加强城市公园、校园、公共绿地、生态保护区等重点区域监测防控，农业农村部门对农业生产和农民生活区实施常态化监测防控，全口径汇总红火蚁发生分布数据。各地积极构建了党委领导、政府负责、部门协作、社会协同、公众参与、法治保障的生物安全治理机制。在红火蚁防控工作的监督落实上，各地也开展了卓有成效的探索和实践，如江西、广东等地将红火蚁防控纳入到乡村振兴绩效考核，四川、江西等地对红火蚁防控工作开展不力的地区进行了约谈、督办等。在 2022 年春秋季防控关键期，继续召开会议号召各地抓住窗口期，聚焦重点区域，备齐药剂物资，组织防控队伍，持续组织做好春秋季统一防控。浙江、重庆等地根据疫点生境，实施清单动态管理，分类精准落实防治措施，限时根除销号。广东制定不同生态环境的红火蚁防控技术工作指引，在集中防控时期，组织省级专家组开展技术指导和防控效果评价。四川、广西等地农业农村和林草部门联合下发疫情分布到乡镇的分布区名录，开展多部门督查组进行指导检查。中央生产救灾资金的持续投入，提高了各级政府的认识，促进各地在科普宣传上不断作为，争取社会各阶层最广大的支持。在宣传方面，各地组织开展省级集中宣传活动 23 场，在省部级媒体发布宣传稿件 69 次，并通过网络、电视、报纸等多种平台进行广泛宣传，如广东省制作《红火蚁出没请注意》抖音短视频，点击播放量达 73.2 万次。在培训方面，各省组建了省级红火蚁防控技术专家组，负责开展大范围培训，自 2021 年以来累计举办培训班 3 500 多期，培训人数达22.9 万，特别是加强农药经销商、环卫工人、绿化工人等相关群体培训，提升了培训专业性和覆盖面，强化了重点人群的监控意识和水平。

2. 柑橘黄龙病防控

2022 年，柑橘黄龙病累计防治面积 3 546.2 万亩次，对 122.6 万株染疫苗木开展灭杀销毁处理，实行轮作及其他处理 11.8 万亩次。

根据柑橘黄龙病的地理分布，划分阻截前沿区、发生区、未发生区，实施分类指导、分区治理。阻截前沿区包括柑橘木虱北移、病害扩散关键或前沿区域，包括黔东南和黔西南扩展前沿区、金沙江流域（四川、云南）阻截带。发生区包括广东、广西（大部）、福建柑橘产区和浙南柑橘带，以及云南、海南等省份局部县（市、区）。未发生区包括长江上中游（湖北秭归县以西、四川宜宾市以东，以及重庆三峡库区），鄂西-湘西柑橘带，湖北丹江库区北缘柑橘基地，四川内江市和安岳县，云南德宏州等。

各地采取的具体措施包括：一是加强疫情阻截。强化预防控制，重点在金沙江中下段两岸构建长约 90 千米的阻截带，改种其他经济作物，阻断疫情扩散，全力保护好长江上中游、鄂西-湘西柑橘带等疫情未发生区；在赣南-湘南-桂北和浙南-闽西-粤东等疫情发生区采取综合防治措施，控制疫情蔓延，推进建立以 200～300 亩为 1 个单元的连片基地，并在单元与单元之间保留或种植一定规模的隔离带，减轻病害发生蔓延。二是加密监测预警。在柑橘优势种植区，加密布设监测网点，及时准确监测病害发生动态，及早发布预警信息；组织开展区域间联合监测，加强信息调度分析和互联互通，提升疫情风险分析、防控指挥调度能力。三是推进标准化生产。指导果农按标生产、规范管理，降低柑橘黄龙病的发生概率；推进老果园改造，集成推广精心整园、精细修剪、精准施肥、精确用药的绿色高效技术模式，打造绿色生态果园；发挥新型社会化服务组织的作用，因地制宜开展统一整园、统一修剪、统一施肥、统一用药等全程技术服务，降低染病风险。四是推进综合防控。加快健康种苗推广，建设区域性果树良种繁育基地，提高健康种苗供给能力，努力实现优势产区健康种苗全覆盖；切实降低木虱基数，大范围推行冬季清园、夏季控梢和春秋两季木虱统防统治，减少木虱危害；积极推广天敌生物，控制木虱种群数量；及时铲除染病植株，引导农民及时发现病株、坚决砍除病株，减少黄龙病传播源；鼓励农户在隔离网室集中繁育大苗，及时补种恢复生产。五是严格检疫监管。落实产地检疫和调运检疫制度，确保未经检疫的种苗不得出圃、不得入园，净化柑橘苗木市场；加强柑橘苗木繁育监管，对非法调运、生产、经营感染柑橘黄龙病的柑橘苗木等繁殖材料的，依法严肃处理。

上述措施在实践中取得了很好的效果，如江西省赣州市、抚州市、吉安市等地在柑橘黄龙病防控关键时期，加强防控技术指导，积极推行"治虫防病""挖治管并重"的综合治理措施，柑橘黄龙病平均病株率由最高年份 2014 年的 19.7％下降到 3.9％，基本遏制了柑橘黄龙病扩散蔓延的势头。四川省在雷波县，屏山县，宜宾市叙州区、翠屏区建立全长 270 千米、面积 11 万亩的柑橘黄龙病阻截带，开发运用"四川省柑橘黄龙病阻截带监测预警体系"，建设九里香远程监测点 6 个，设置果园监测点 120 个，及时监测柑橘黄龙病和柑橘木虱发生动态。广西制定出台《广西壮族自治区柑橘黄龙病防控规定》，强化资金支持，压实属地责任，在柑橘主产县建立 1～3 个柑橘黄龙病综合防控示范区，辐射带动整体防控。

3. 稻水象甲防控

2022年，稻水象甲累计防治面积1 145.6万亩次，对9 559千克种子、300.1万株秧苗开展灭杀处理，实行轮作及其他处理23.1万亩次。

根据水稻生产布局和稻水象甲发生情况，实施分类指导、分区治理。在水稻制种区和有零星疫情发生的水稻主产区，包括黑龙江、江西、重庆、四川、贵州、云南共6个省（直辖市）重点强化检疫监管和应急防控，基本扑灭零星疫情，防止疫情进一步扩散。在非水稻主产区和稻水象甲发生较广的水稻主产区，包括北京、天津、河北、山西、内蒙古、辽宁、吉林、浙江、安徽、福建、山东、河南、湖北、湖南、广西、陕西、宁夏、新疆共18个省（自治区、直辖市），大力开展综合治理，推进栽培制度调整，将平均危害损失率降低到3%以下，逐步缩小发生范围。在未发生区，包括上海、江苏、广东、海南共4个省（直辖市）全面监测，及时发现并扑灭新出现疫情，通过检疫协同监管堵住人为传播隐患，阻截稻水象甲传入，确保水稻产区和主要制种基地生产安全。

各地采取的具体措施包括：一是加强调查监测。对所有发生区和受威胁区域进行全面监测，通过灯光诱集、田间调查准确掌握疫情发生消长动态，确保疫情得到及时有效处置；在发生区选择最有代表性的发生田，重点监测发生危害动态；在未发生区选择毗邻发生区边缘的稻区，江河、铁路和公路枢纽沿线稻田等传入风险较高区域，重点监测疫情是否传入；在水稻主产区、水稻制种基地等传入影响较大的区域，适当增加监测点数量。二是推进综合防控。化学防控方面，针对不同的防治时期和虫态，选择"拌、喷、浸、撒"施药技术，即在播种前进行拌种，成虫羽化高峰期（水稻移栽前后）喷药防控，移栽时用药液浸泡秧苗30分钟后再移栽，移栽后用颗粒剂拌土撒施；物理防治方面，在越冬成虫回迁及危害期，利用诱虫灯诱杀成虫；生物防治方面，在发生程度较轻的地区，利用球孢白僵菌及金龟子绿僵菌等进行防治，还可以利用牧鸭防虫；农业防治方面，加强水肥管理，推行浅水栽培，通过晒田使稻田泥浆硬化，抑制幼虫危害，对发生区大田，收割后进行秋翻晒垄灭茬，铲除稻田周边杂草，破坏越冬场所。三是强化检疫监管。各级植物检疫机构进行协同监管，完善植物、植物产品调运信息通报机制；发生区严格对应施检疫的物品检疫监管，稻水象甲严重发生的田块，由植物检疫机构监督进行稻残茬翻耕销毁；未发生区加强对来自发生区的稻草包装、铺垫物的检查，必要时喷施药剂进行杀虫处理；重点加强对水稻制种基地、科研育种基地的检疫管理。

4. 马铃薯甲虫防控

根据马铃薯甲虫发生分布和传播扩散特点，着力打造"东、西"2条疫情阻截防线，2022年累计防治面积3.6万亩次。

防控区域分为西线、东线2个区域，实施分类指导、分区治理。西线地区包括新疆天山以北的乌鲁木齐市、昌吉回族自治州、博尔塔拉蒙古自治州、巴音郭楞蒙古自治州、伊犁哈萨克自治州、阿勒泰地区、石河子市和五家渠市等；开展综合治理，逐步缩小发生范围，降低虫口密度；加强检疫监管，将马铃薯甲虫控制在木垒县以西。东线地区包括黑龙江鸡西市、双鸭山市和牡丹江市，吉林延边朝鲜族自治州珲春市等已报告发生的市（县），及大兴安岭地区、黑河市、伊春市、鹤岗市、佳木斯市等其他中俄边境沿线地区；实施全面监测，及时发现并扑灭新发疫情点，集中种植诱集带并快速扑杀迁入虫源。

各地采取的具体措施包括：一是加密调查监测。在发生区和马铃薯主产区科学布局监测网点，及时掌握疫情发生、消长动态。5—9月，在成虫迁飞和成虫、幼虫危害期，实行定期报告制度，确保疫情早发现、早报告、早扑灭。二是铲除新发疫情。对新发、突发疫情及时组织开展应急防治，对染疫中心株及周围10米^{2}范围的植株立即喷药处理，并进行人工清除、深埋；有条件的，在疫点周边设立80千米宽的无马铃薯甲虫寄主植物的生物隔离带，防止马铃薯甲虫传出扩散；深翻疫点土壤（20厘米）、覆膜熏蒸压土，杀死土壤中的蛹和成虫，防止马铃薯甲虫逃逸。三是推进综合防控。化学防控方面，对疫情发生区，抓住越冬成虫出土盛期、一代和二代幼虫高峰期化学防治；生态治理方面，实行轮作倒茬，清除天仙子、刺萼龙葵等野生寄主植物，减少发生区域，在播种期，因地制宜实施地膜覆盖技术，控制越冬成虫出土，收获后，及时翻耕冬灌，降低越冬基数；人力防控方面，利用马铃薯甲虫成虫"假死性"，在春季越冬成虫出土盛期，组织人工捕捉，并摘除有卵块的叶片，利用新疆戈壁滩自然隔离条件，人工铲除天仙子等野生寄主，防范疫情自然扩散。四是严格检疫检查。加强产地检疫和调运检疫，严格监管马铃薯种薯及产品调运，吉林、黑龙江重点加大对马铃薯种薯繁育中心检疫检查力度，以及从俄罗斯滨海新区调运物品储存、运输、加工等场所周边的检疫监测，防止疫情随相关商品传播入境。

5. 苹果蠹蛾防控

2022年，苹果蠹蛾累计防治面积达290.7万亩次，实行轮作及其他处理46.9万亩次。

防控区域分为西线、东线和北线。西线地区包括新疆全境、甘肃兰州以西地区。东线地区包括黑龙江哈尔滨市以东地区，吉林延边州，辽宁鞍山市、葫芦岛市和大连市，北京平谷区，天津蓟州区和河北承德市等地区。北线地区包括内蒙古鄂尔多斯市、乌海市、阿拉善盟、包头市，宁夏中卫市、吴忠市等。

对于普遍发生区，通过开展综合治理，有效降低苹果蠹蛾蛀果率，逐步缩小发生范围，如辽宁省加强监测预警，建立 60 个重大疫情阻截监测点，2 个苹果蠹蛾封锁控制示范区，全面落实监测防控工作；甘肃省开展重点区域疫情阻截，建立疫情防控示范区、疫情阻截前沿区和阻截防线，分区治理，遏制疫情传播。对于零星发生区，通过应急防控行动，努力扑灭新发疫情；对于新发生地区，采取严格检疫根除措施，控制疫情南扩，强化监测防控力度，及时掌握发生动态，如河北省在 2020 年首次发生疫情后，立即开展专题培训，全面部署监测防控工作，进一步织密监测网络，提升监测能力；对于受威胁地区，通过全面监测，及时发现并扑灭零星疫情点，加强检疫监管，严防人为传播，遏制苹果蠹蛾扩散蔓延，如陕西省开发使用农产品运输车辆运行查询系统，做到果品来源可追溯，科学预防苹果蠹蛾进入。

各地采取的主要防控措施包括：一是加密监测预警。全面监测苹果、梨、杏、沙果等果园，及时掌握疫情发生、消长动态，确保疫情早发现、早报告、早处置；普遍发生区重点监测有代表性的果园和边缘区；零星发生区重点监测疫情发生点周边 15 千米范围内的果园及果汁加工厂；受威胁地区重点监测城镇、大中型水果交易市场或集散地周边果园，以及机场、铁路、道路两侧的果园。二是实施综合防控。农业防治方面，推广冬季清园措施，刮除果树主干分叉以下的粗皮、翘皮，用石灰涂白剂涂白果树主干和大枝，结合树干绑缚布带、稻草等诱集越冬幼虫，消灭越冬幼虫，清除果园中废弃包装箱、杂草灌木丛等可能为苹果蠹蛾提供越冬场所的物品；物理防治方面，4—9 月，在果园内设置杀虫灯诱杀苹果蠹蛾成虫，对不连片的果园，采用性信息素和专用诱捕器诱杀成虫，对连片大面积果园，布设性信息素散发器进行迷向防治，干扰成虫交配，降低种群数量；化学防治方面，在苹果蠹蛾卵孵化至初龄幼虫蛀果前开展化学防治，蛀果率 5% 以上的地区每年化学防治 4～5 次，蛀果率 2%～5% 的地区防治 2～3 次，蛀果率 2% 以下的地区防治 1～2 次；废弃果园管理方面，对无人管理的疫情重发果园和无人防治的房前屋后果树，在果实膨大前中期全部摘除并集中销毁。三是强化检疫监管。严禁发生区果品违规调运，严格控制疫情发生区残次果、虫落果销往未发生区，特殊情况必须经过检疫处理合格后，按指定的运输路线运到指定加工厂加工，发现携带疫情的，进行灭虫、运返原地或销毁处理，强化果汁加工厂、果品收购加工集散地的检疫监管，落实生产企业疫情防控责任。

6. 梨火疫病防控

2022 年，梨火疫病和亚洲梨火疫病累计防治面积达 64.1 万亩次。

防控区域上分为西线、东线。梨火疫病西线地区为新疆全境，甘肃河西走廊武威市、张掖市；亚洲梨火疫病西线地区为重庆万州区、开州区，东线地区为浙江杭州市、金华市、衢州市、丽水市，以及安徽黄山市。对于普遍发生区，要通过大力开展综合治理，有效降低亚洲梨火疫病（梨火疫病）病株发生率，逐步缩小发生范围；对于零星发生区，在每年 4—6 月病害易发、危害症状明显时期，对当地所有梨树和梨苗进行疫情调查监测，发现新发生区零星疫点后通过应急防控行动，努力扑灭新发疫情；对于受威胁地区，通过全面监测，及时发现并扑灭零星疫情点，加强检疫监管，严防人为传播，遏制梨火疫病扩散蔓延；对于未发生区，严禁从疫区调运梨苗与枝条，严禁从疫区购买花粉，防止病害扩散与蔓延，禁止疫区的蜜蜂迁移到无病区。

各地采取的主要防控措施包括：一是强化监测预警。持续开展田间普查，对疑似疫情开展室内检测，实时掌握分布区域、发生程度和发生面积；受威胁地区重点监测种苗、接穗、砧木（杜梨苗）等高风险物品调入的果园，梨、苹果、杜梨、海棠、山楂苗木繁育基地等；发生区重点监测有代表性的果园和边缘交界区；阻截前沿区要加密布设监测点。二是强化农艺措施。清除病树、病枝，对于病株率较低的果园，重病株发现一株挖除一株，轻病株采用重修剪清除病枝，剪口应离病斑 30 厘米以上，或将整个枝条剪除，病树病枝应集中销毁，对病树周围的植株进行喷药保护；冬季修剪清园，发病梨园冬季落叶后，仔细检查每株梨树，彻底剪除有梨火疫病溃疡斑的病枝和枯枝，清除地面上的落叶、落果和枯枝，集中移出园外销毁；最好进行 2 遍修剪，第一遍剪病枝梢，第二遍是常规的修剪，严禁病健株交叉使用修剪刀，工具要严格做到"一修剪一消毒"，可使用 10％漂白粉液、3％中生菌素、2％春雷霉素配制消毒液，在发病果园进行修剪的人员和使用的工具工作结束后均需进行消毒；对于发病面积较大、病情严重的果园，建议改种其他非寄主植物。三是强化化学防控。在梨、苹果、杜梨、海棠、山楂等植物萌芽前喷施石硫合剂进行保护，在疫情发生区初花期（5％花开）及周边梨、苹果等萌芽前喷石硫合剂保护，初花期（5％花开）喷药 1 次，谢花期（80％花谢）、果实膨大期以及果实采收后 10 天之内等时期，选用春雷霉素、噻唑锌、春雷·噻唑锌、氢氧化铜、噻菌铜等杀菌剂进行防控；对于春梢长势旺盛的果园，或用药后遇下雨、冰雹等，应补施 1～2 次；药剂品种应交替轮换使用，整个生长季节每种药剂使用不能超过 2 次。四是强化检疫监管。强化梨、苹果、杜梨、山楂、海棠等蔷薇科寄主植物苗木、接穗等应检物品的调运检疫监管，疫情发生区物品禁止调出，加大梨、苹果主产区调入相关物品的复检力度。

第五章

农药与施药机械应用

一、农药新品种、新剂型试验

（一）试验基本概况

开展新农药新技术展示试验示范，建立试验点 171 个，试验药剂 25 种，其中杀虫剂 5 种、杀菌剂 11 种、除草剂 6 种、植物生长调节剂 3 种。

在江苏、安徽、浙江、河南 4 个省的 6 个点开展 8% 叶菌唑悬浮剂防治小麦赤霉病的试验；河北、吉林、黑龙江、江苏、浙江、安徽、山东、湖北、湖南、广西、重庆、四川、陕西、甘肃、青海、宁夏、辽宁、江西、广东等省份使用 2% 春雷霉素水剂、36% 春雷·喹啉铜悬浮剂、47% 春雷·王铜可湿性粉剂、22% 春雷·三环唑悬浮剂、20% 三环唑悬浮剂和 22% 春雷·三环唑可湿性粉剂、40% 嘧菌·戊唑醇悬浮剂、250 克/升苯醚甲环唑乳油、水溶性硅钾等药剂在水稻、小麦、玉米、青稞等粮食作物，苹果、柑橘等果树，人参等经济作物上开展病害防治和作物增产提质的试验共 42 个；在黑龙江、江苏、浙江、安徽、湖北、湖南、广西等省份开展氯氟吡啶酯、三氟苯嘧啶及混剂、乙基多杀菌素和啶氧菌酯等药剂在水稻除草、防虫和防病的使用效果试验 21 个。

在北京、内蒙古、辽宁、吉林、黑龙江、江苏、江西、山东、湖北、海南、云南、甘肃、新疆等省份以及新疆生产建设兵团开展 0.01% 芸苔素内酯＋吡唑醚菌酯等药剂的集成技术在小麦、水稻、玉米、谷子、大豆、马铃薯、花生、棉花、烟草、槟榔和火龙果等作物上的使用效果试验示范 28 个。

在天津、山西、江苏、浙江、安徽、山东、河南、广西、海南、云南等省份开展

0.16% 14-羟芸·噻苯隆可溶液剂在小麦、玉米、水稻、金橘等作物上的使用效果试验示范12个。

在浙江、安徽、湖北、贵州安排"豹枯·物理控草剂"在茶园杂草防控上的使用效果试验4个。

在除西藏、青海以外的各省份，安排开展纳米农药在水稻、小麦、玉米、马铃薯、柑橘、茶叶、烟草、槟榔芋、油菜、棉花、梨、桃以及其他蔬菜和花卉等作物的试验示范。

在吉林、上海、江苏、浙江、安徽、湖南、广东等省份开展20%四唑虫酰胺悬浮剂防治水稻、玉米主要病虫害试验示范37个。

在安徽、湖南、四川、云南、广东等省开展20%氯虫苯甲酰胺悬浮剂、1%氯虫苯甲酰胺颗粒剂防治水稻二化螟、玉米草地贪夜蛾和荔枝蒂蛀虫田间药效试验5个。

在吉林、湖南的水稻上开展0.136%赤·吲乙·芸苔可湿性粉剂试验示范4个。

在吉林、黑龙江、西藏、青海、新疆、内蒙古等地开展240克/升氯氟醚·吡唑酯乳油在玉米、大豆、青稞、大麦上使用的试验示范8个。

在河南开展25%环吡·异丙隆油悬浮剂防除小麦田杂草试验1个；在吉林、黑龙江、江苏、安徽等省开展6%三唑磺草酮可分散油悬浮剂、28%敌稗·三唑磺草酮可分散油悬浮剂、17%氰氟草酯·二氯喹啉酸可分散油悬浮剂防除水稻田杂草试验4个。

（二）农药药械及使用技术示范

1. 开展药剂效果验证对比试验

试验点12个，总共试验药剂28种，其中杀虫剂18种、杀菌剂10种。

（1）开展了国家救灾农药储备药剂药效验证试验。 在湖北、甘肃、河南、安徽、江苏、广西、广东等省份对小麦白粉病、锈病、赤霉病、蚜虫，水稻稻飞虱、稻纵卷叶螟、玉米草地贪夜蛾防治药剂开展药效验证试验，试验9个点，19种药剂，包括：12.5%氟环唑悬浮剂、15%三唑酮可湿性粉剂、43%戊唑醇悬浮剂、50%甲基硫菌灵悬浮剂、50%多菌灵悬浮剂、20%嘧菌酯悬浮剂、25%吡唑醚菌酯悬浮剂、5%噻霉酮乳油、40%氰烯菌酯悬浮剂、45%咪鲜胺乳油等杀菌剂、50%吡蚜酮水分散粒剂、10%三氟苯嘧啶悬浮剂、10%烯啶虫胺水剂、20%呋虫胺水分散粒剂、20%氟啶虫酰胺悬浮剂、5%甲氨基阿维菌素微乳剂、20%氯虫苯甲酰胺悬浮剂、15%茚虫威悬浮剂、20%

甲氧虫酰肼悬浮剂等杀虫剂。

（2）在安徽、广东、广西开展不同杀虫剂防治稻飞虱田间药效试验。试验3个点，试验药剂9种，包括：50％烯啶虫胺可溶粒剂、10％异唑虫嘧啶悬浮剂、20％呋虫胺水分散粒剂、50％吡蚜酮水分散粒剂、10％醚菊酯悬浮剂、20％三氟苯嘧啶水分散粒剂、22％氟啶虫胺腈悬浮剂、20％氟啶虫酰胺悬浮剂、200克/升氯虫噻唑锵悬浮剂。

2. 开展植保综合解决方案试验示范

包括农药减量技术集成示范、小麦促弱转壮技术示范、水稻植物健康提质增产示范等。

（1）在山东、河南开展小麦促弱转壮试验。试验示范3个，示范8套解决方案，使用药剂22种，包括：0.007 5％ 14-羟基芸苔素甾醇可溶液剂、0.16％ 14-羟芸·噻苯隆可溶液剂、1％吲哚丁酸水剂、1.2％吲哚丁酸水剂、1％吲哚丁酸·萘乙酸水剂、0.1％三十烷醇乳油、1％苄氨基嘌呤可溶液剂、0.4％糠氨基嘌呤水剂等植物生长调节剂和75％肟菌酯·戊唑醇悬浮剂、25％吡唑醚菌酯悬浮剂、40％丙硫·戊唑醇悬浮剂、30％吡唑·戊唑醇悬浮剂、25％高氯·噻虫嗪微囊悬浮-悬浮剂等杀菌剂、杀虫剂。

（2）开展粮食作物健康提质增产技术示范8个。其中在河南省开展小麦健康提质增产技术示范1个，示范技术方案7套，使用药剂26种，包括：11％唑醚·灭菌唑种子处理悬浮剂、600克/升噻虫胺·吡虫啉种子处理悬浮剂、25％精甲霜·嘧菌酯·噻虫胺种子处理悬浮剂、28％噻虫胺·咯菌腈·嘧菌酯悬浮种衣剂、4％咯菌腈·噻霉酮种子处理悬浮剂、27％苯甲·咯·噻虫嗪种子处理悬浮剂、240克/升氯氟醚·吡唑酯乳油、23％醚菌·氟环唑悬浮剂、45％戊唑醇·咪鲜胺水乳剂、35％吡唑·噻呋酰胺悬浮剂、325克/升苯甲·嘧菌酯悬浮剂、40％吡唑·氟环唑悬浮剂、40％噻呋·己唑醇悬浮剂、480克/升氰烯·戊唑醇悬浮剂、30％氰烯·丙硫菌唑悬浮剂、430克/升戊唑醇悬浮剂、45％戊唑·醚菌酯水分散粒剂、25％氰烯菌酯悬浮剂、27％噻霉酮·戊唑醇水乳剂、30％醚菌酯悬浮剂、18.7％丙环·嘧菌酯悬乳剂、20％氟唑菌酰羟胺悬浮剂、32％联苯噻虫嗪悬浮剂、247克/升高氯·噻虫嗪微囊悬浮-悬浮剂、0.007 5％ 14-羟基芸苔素甾醇可溶液剂、0.01％芸苔素内酯可溶液剂。

在黑龙江、江苏、安徽、湖北、辽宁、吉林等省开展水稻作物健康提质增产技术示范7个，每个点示范技术方案7套，共使用药剂28种，包括：400克/升氯氟醚菌唑悬浮剂、9％吡唑醚菌酯微囊悬浮剂、30％苯醚甲环唑·丙环唑乳油、18.7％丙环·嘧菌酯悬乳剂、30％三环·己唑醇悬浮剂、325克/升嘧菌酯·苯醚甲环唑悬浮剂、300克/升苯醚甲环唑·丙环唑乳油、4％咯菌腈·噻霉酮种子处理悬浮剂、23％噻霉酮·嘧菌酯悬浮剂、27％噻霉酮·戊唑醇水乳剂、250克/升嘧菌酯悬浮剂、40％嘧菌酯·稻瘟酰胺悬浮剂、40％噻呋·己唑醇悬浮剂、40％稻瘟·三环唑悬浮剂、42％戊唑醇·肟菌酯悬浮剂、12.5％氟环唑悬浮剂、40％三环唑悬浮剂、25％氰烯菌酯悬浮剂、45％戊唑·醚菌酯水分散粒剂、11.6％甲维·氯虫悬浮剂、20％噻虫胺悬浮剂、60％呋虫胺·吡蚜酮水分散粒剂、20％噻虫胺悬浮剂、15％甲维盐·茚虫威悬浮剂、0.01％芸苔素内酯可溶液剂、25％多效唑悬浮剂＋5％甲哌鎓悬浮剂、2％苄氨基嘌呤可溶液剂、0.1％三十烷醇微乳剂。

（3）开展粮食作物病虫草害综合解决技术和农药减量增效技术试验集成示范。建设减量增效示范区70余个，创新集成适宜于不同区域、不同作物、不同病虫害的减量技术模式30个。

在新疆、西藏等西部地区开展玉米、棉花等作物农药减量增效技术集成试验15个，集成综合解决方案10个。在河北、吉林、黑龙江、江苏、浙江、安徽、山东、河南、湖北、西藏、陕西、新疆、辽宁、江西等省份29个点，开展水稻、小麦、青稞、棉花等作物病虫草害综合解决技术示范。使用药剂20种，包括：25％噻虫·咯·霜灵悬浮种衣剂、62.5克/升精甲·咯菌腈悬浮种衣剂、350克/升精甲霜灵悬浮种衣剂、30％噻虫嗪悬浮种衣剂、11％氟环·咯·精甲悬浮种衣剂、50％丙草胺乳油、3％氯氟吡啶酯乳油＋30％丙草胺乳油、15％丙炔噁草酮悬浮剂、5％五氟磺草胺乳油、30％苯醚甲环唑·丙环唑乳油、325克/升嘧菌酯·苯醚甲环唑悬浮剂、27％三环·己唑醇悬浮剂、18.7％丙环·嘧菌酯悬浮剂、100亿活菌/毫升解淀粉芽孢杆菌母液、450克/升三氟吡啶胺悬浮剂、30％三环唑悬浮剂、40％氯虫·噻虫嗪水分散粒剂、6％氯虫·阿维菌素悬浮剂、50％吡蚜酮可分散粒剂、20％三氟苯嘧啶水分散粒剂。

在新疆开展棉花全生育期病虫草害综合解决技术示范2个，使用药剂10种，包括：25％噻虫·咯·精甲悬浮种衣剂、33％二甲戊灵乳油、70％吡虫啉可湿性粉剂、30％螺螨酯·乙唑螨腈悬浮剂、40％氟啶·吡蚜酮水分散粒剂、10％四氯虫酰胺悬浮剂、250克/升甲哌鎓乳油、540克/升噻苯·敌草隆悬浮剂＋助剂、0.01％14-羟基芸苔素甾醇可溶液剂、40％乙烯利水剂。

在新疆开展玉米、棉花杂草防除综合解决方案试验示范2个，使用药剂6种，包括：30％苯唑草酮悬浮剂、900克/升乙草胺乳油、10％唑嘧磺草胺悬浮剂、200克/升氯氟吡氧乙酸异辛酯乳油、90％莠去津水分散粒剂、22％硝·烟·氯吡可分散油悬浮剂。

在安徽开展水稻全生育期轻简化施药技术示范1个，使用药剂12种，包括：62.5克/升精甲·咯菌腈悬浮种衣剂、60％吡虫啉悬浮种衣剂、30％噻虫嗪悬浮种衣剂、18％噻虫胺悬浮种衣剂、40％氯虫·噻虫嗪水分散粒剂、200克/升氯虫苯甲酰胺悬浮剂、0.4％氯虫苯甲酰胺颗粒剂、325克/升嘧菌脂·苯醚甲环唑悬浮剂、24.1％异噻菌胺·肟菌酯悬浮剂、75％肟菌·戊唑醇水分散粒剂、9％吡唑醚菌酯微囊悬浮剂、25％氰烯菌酯悬浮剂。

3. 开展大豆玉米复合种植田除草剂及综合解决方案的试验示范

在山东、安徽、内蒙古、四川等省份的4个点开展玉米大豆复合种植条件下的除草剂、杀虫剂、杀菌剂、植物生长调节剂使用的技术试验示范50个，包括6家企业提供的技术方案。试验药剂45种，其中杀虫剂12种、杀菌剂6种、除草剂17种、植物生长调节剂5种、种子处理剂5种，包括：720克/升异丙甲草胺乳油、960克/升精异丙甲草胺乳油、900克/升乙草胺乳油、80％唑嘧磺草胺水分散粒剂、75％噻吩磺隆水分散粒剂、40％砜吡草唑悬浮剂、480克/升嗪草酮悬浮剂、450克/升二甲戊灵微囊悬浮剂、480克/升灭草松钠盐可溶液剂、30％苯唑草酮悬浮剂、10％精喹禾灵乳油、200克/升草铵膦水剂、10％精草铵膦铵盐可溶液剂、35％硝·烟·莠去津可分散油悬浮剂、24％烯草酮乳油、45％精异丙甲草铵微囊悬浮剂、33％精异丙甲草胺·丙炔氟草胺微囊悬浮-悬浮剂共17种除草剂；240克/升氯氟醚·吡唑酯乳油、18.7％丙环·嘧菌酯微乳剂、30％吡唑醚菌酯·戊唑醇悬浮剂、19％丙环·嘧菌酯悬乳剂、25％吡唑醚菌酯悬浮剂、250克/升丙环唑乳油共6种杀菌剂；5％双丙环虫酯可分散液剂、100克/升溴虫氟苯双酰胺悬浮剂、25％高效氯氟氰菊酯微囊悬浮剂、40％氯虫·噻虫嗪悬浮剂、10％四氯虫酰胺悬浮剂、14％氯虫·高氯氟微囊-微囊悬浮剂、50克/升虱螨脲乳油、5％高效氯氟氰菊酯水乳剂、22％噻虫·高氯氟微囊悬浮-悬浮剂、15％甲维·茚虫威悬浮剂、27％联苯·吡虫啉悬浮剂、15％唑虫酰胺·虱螨脲悬浮剂共12种杀虫剂；0.136％赤霉酸·吲哚乙酸·14-羟基芸苔素甾醇可湿性粉剂、3％14-羟芸·烯效唑悬浮剂、25％甲哌鎓水剂、0.01％14-羟基芸苔素甾醇可溶液剂、0.006％冠菌素可溶液剂共5种调节剂；30％嘧·咪·噻虫嗪悬浮种衣剂、25％噻虫·咯·霜灵悬浮种衣剂、40％溴酰·

噻虫嗪悬浮种衣剂、35 克/升精甲·咯菌腈悬浮种衣剂、35％福美双·萎锈灵·噻虫嗪微囊悬浮-悬浮剂共 5 种种子处理剂。

筛选出了砜吡草唑＋嗪草酮、精异丙甲草胺（或乙草胺）＋噻吩磺隆、精异丙甲草胺＋丙炔氟草胺等高效土壤封闭除草剂组合。

4. 开展高效植保机械及减量施药技术推广

分别在安徽、河南、江苏、山东 4 个点组织开展"农机农艺融合适应喷杆喷雾机小麦、水稻全程作业实现农药减量使用示范展示"。针对限制喷杆喷雾机作业的种植模式进行优化调整，根据喷杆喷雾机的轮距，调整播种机行距，在不减少播种量和亩穗数的情况下，确保喷杆喷雾机能够全程开展小麦病虫害作业防治。试验结果表明，通过优化小麦和水稻的种植模式，采取喷杆喷雾机标准化作业技术，一方面可提高防治作业效率 60％，另一方面可减少农药使用量 30％，推广应用前景广阔。

开展标准化作业暨农企共建试验示范基地活动，共建立试验示范基地 11 个。积极推广减少施药液量的施药技术，显著减少药液流失量，提高了农药利用率，提高了作业效率，同时也提升了防治组织赢利能力。结果显示，植保无人机每亩 1 升与喷杆喷雾机每亩 10 升的施药液量均能够满足大田作物的病虫害防治要求，喷杆喷雾机的防效优于植保无人机，增加助剂能够显著提高雾滴在靶标上的覆盖率，有明显的增效作用。

二、重要病虫草害抗药性监测治理

联合 10 家科研教学单位，持续开展主要农业有害生物抗药性监测与治理，设立监测点 100 余个，涵盖重大病虫草害 30 余种、常用农药 50 余种，草拟 2022 年有害生物抗药性监测报告 1 份，协助召开抗性交流研讨会 1 次。制定《2021 年全国农业有害生物抗药性监测报告》，针对重点病虫害抗性风险提出预防和治理策略。组织中国农业大学等教学科研单位和有关行业协会等继续做好草地贪夜蛾等重点病虫害的抗性监测。

继续在广西组织 3 个点开展柑橘红蜘蛛抗药性治理示范。以多虫态控制、全面覆盖、轮换用药为原则，对 6 种药剂（1.8％阿维菌素乳油、43％联苯肼酯悬浮剂、25克/升联苯菊酯乳油、30％乙唑螨腈悬浮剂、240 克/升虫螨腈悬浮剂、99％矿物油）和

2种新助剂进行科学组合使用，开展抗药性治理。

三、农药使用监测与安全用药培训

（一）农药使用监测

根据《种植业农药使用调查方法》，组织各地深入开展农户终端用药情况调查，2022年全国各省份用药调查覆盖农户4万余个，根据各省植保（农技）机构系统调查监测结果，全国农业技术推广服务中心对三级上报数据进行统计分析，得出2022年种植业各类农药使用总量，以及生物农药基本状况（表5-1、表5-2）。与2021年相比，农药使用总量继续呈下降趋势，但除草剂、植物生长调节剂和生物农药使用量持续增长。据统计，化学农药（商品）使用量前十位的分别是：草甘膦、莠去津、乙草胺、草铵膦、高效氯氰菊酯、高效氯氟氰菊酯、吡虫啉、辛硫磷、敌敌畏、多菌灵。化学农药（折百）用量前10位的分别是：草甘膦、乙草胺、莠去津、敌敌畏、硫酸铜、多菌灵、代森类、草铵膦、丁草胺、甲基硫菌灵。

表5-1　全国种植业农药使用量统计表

项目	2022年使用量/吨		2021年使用量/吨		2022年与2021年相比增减/%	
	商品量	折百量	商品量	折百量	商品量	折百量
合计	783 194.69	245 262.89	788 035.56	248 341.16	−0.61	−1.24
杀虫（螨）剂	296 811.16	70 606.27	303 209.19	73 584.71	−2.11	−4.05
杀菌剂	165 903.16	63 442.10	167 829.45	64 836.56	−1.15	−2.15
除草剂	296 520.63	106 589.62	295 586.09	106 017.81	0.32	0.54
生长调节剂	20 667.52	4 553.00	18 213.66	3 822.46	13.47	19.11
杀鼠剂	3 292.28	71.91	3 196.80	79.74	2.99	−9.82

注：因分列数据存在四舍五入，所以加和数据与总量略有偏差。

各种作物生物农药商品用量87 257.75吨，折百用量9 772.38吨，分别占农药总用量的11.14%和3.98%。与2021年相比，商品用量增加了3 609.22吨，上升了4.31%，折百用量增加了140.12吨，上升1.45%。

表 5－2 全国种植业生物农药使用量统计表

项目	2022 年/吨		2021 年/吨		2022 年与 2021 年相比增减/%	
	商品量	折百量	商品量	折百量	商品量	折百量
合计	87 257.75	9 772.38	83 648.53	9 632.26	4.31	1.45
生物化学	547.74	25.50	471.48	32.19	16.17	−20.78
植物源	4 835.69	239.27	4 378.23	212.65	10.45	12.52
微生物源	67 106.74	5 058.66	67 175.39	4 957.34	−0.10	2.04
生物活体	13 094.53	4 165.24	11 623.43	4 430.08	12.66	−5.98

注：因分列数据存在四舍五入，所以加和数据与总量略有偏差。

（二）农药科学安全使用培训

按照农业农村部办公厅《关于开展 2022 年"我为群众办实事"实践活动有关具体事项的通知》（通知〔2022〕12 号）要求，种植业管理司会同全国农业技术推广服务中心等单位，采取线上线下的方式开展百万农民科学安全用药公益培训。据调度，全年全国各地区共开展线上线下培训 9.4 万场，培训人数约 931 万人次，循环播放科学安全用药等科普视频约 30 万次，发放小麦促弱转壮手册、大豆玉米带状复合种植除草技术明白纸、"三棵菜"安全生产系列挂图和农药包装废弃物回收处理挂图等宣传资料约 300万份。2022 年全国各地农药药害事件、人畜中毒等事件呈下降趋势，农民科学安全用药的意识和水平显著提升。

1. 主要做法

一是制订计划。6 月制订"百万农民科学安全用药公益培训"实施方案，计划分区域、分作物开展 1 万场 100 万人次以上的培训计划。二是启动实施。6 月组织召开"培训启动视频会"，全国各级植保机构、有关农药协会、农药械企业共计 4.5 万人参加；8月召开全国科学安全用药推进会，推进科学安全用药培训工作走深走实。三是监督检查。9 月底召开关于加强农药使用指导工作视频会，部署防范种植业领域农药安全风险，保障农业生产安全。排查整改农药使用环节安全隐患 1 000 余项，进一步强化农民安全用药意识和水平。

2. 解决问题

一是解决了经费不足的问题。加强顶层设计，整合各方力量，突出科学安全用药培训公益性，形成了司局一面旗帜，植保体系、农药协会和农药企业广泛参与，整合资源、统筹推进的培训格局。二是解决了人员不足的问题。创新形式，联合农药协会和农药企业与植保体系共同开展科学安全用药公益培训，实行分类、分级、分层组织，充分发挥有责任、有担当的农药企业力量，弥补基层植保人员数量不足短板。三是解决了技术落地问题。循环播放科学安全用药小视频约 30 万次，发放小麦促弱转壮手册、大豆玉米带状复合种植除草技术明白纸、"三棵菜"安全生产系列挂图等宣传资料约 300 万份，超额完成全年培训任务。

3. 取得成效

一是提升农药科学使用水平。培训围绕农药使用中存在的突出问题，采取线上线下方式培训农民科学安全用药，提升了科学安全使用农药水平，问卷调查显示，农民看农药标签用药的达 89.0％，其中严格按农药标签用药的达 71.1％。二是解决一些关键性问题。分作物开展主题培训，着力解决小麦促弱转壮、大豆玉米带状复合种植使用除草剂等一些关键性难题，引导农民遵守农药使用要求，保障农产品质量安全。三是培养一支高素质队伍。通过开展科学安全用药培训，为基层植保技术人员和广大农村地区培育了一支"懂农药、会施药、用对药"的高素质队伍，让农民安全科学用药意识进一步提高，让农药减量化行动深入人心。

四、病虫害专业化防治服务

（一）开展的主要工作

一是为贯彻落实《农作物病虫害专业化防治服务管理办法》，根据种植业管理司《"两增两减"虫口夺粮促丰收行动方案》安排部署，全国农业技术推广服务中心组织开展第三批全国农作物病虫害专业化"统防统治百强县"创建活动，整县制推进农作物病虫害专业化防治服务工作，全面提升统防统治覆盖率。各地按照全国"统防统治百强县"创建工作方案积极推进工作，强化责任落实、强化政策扶持、强化指导服务、强化宣传引导，精心组织、严格把关，共推荐 87 个县参加评审。经组织相关专家对申报材料进行审查、评选，认定 77 个县为全国农作物病虫害专业化"统防统治百强县"。加上上一批没有发文授牌的 23 个县，共计 100 个县，由种植业管理司发文表彰并统一授牌

"统防统治百强县"，扩大宣传影响，推进统防统治工作。

二是根据《农作物病虫害防治条例》《农作物病虫害专业化防治服务管理办法》（农业农村部第 417 号公告）有关要求，专门开发了农作物病虫害专业化统防统治管理系统。利用统一归入农业农村部政务信息系统管理平台正式运行的时机，下发《关于做好专业化防治组织建档立卡和统防统治调查统计工作的通知》（农技植保函〔2022〕284号），要求各地通过该管理系统完成对属地专业化防治组织建档立卡，动态管理，将专业化防治组织纳入植保体系，壮大植保体系队伍，建成"拉得出、打得赢"的专业化防治队伍，提升重大病虫害防控能力和水平，提升植保体系的战斗力和影响力。各级植保机构提高认识，搞好宣传和组织发动，加强对专业化防治服务组织的管理，规范服务行为，全面掌握农作物病虫害专业化统防统治的基础数据和发展动态，有针对性地为专业化防治服务组织提供技术培训、指导和服务。

三是全国农业技术推广服务中心会同中国农业技术推广协会共同组织开展第三批全国农作物病虫害专业化防治星级服务组织认定工作，更好地向社会推介服务规范、信誉良好的专业化防治服务组织。推动专业化防治服务组织规范化管理、标准化服务和规模化防治，推动统防统治深入健康发展。各地广泛宣传发动，精心组织申报，共推荐 373家防治服务组织参加评审。经组织有关专家对申报材料进行审查、评选，认定 300 家为第三批全国农作物病虫害专业化防治星级服务组织。

四是针对小麦大面积晚播、苗情普遍偏弱的严峻形势，农业农村部开展了下沉一线包省包片夺夏粮小麦丰收行动。各地农业农村部门充分认识夺取今年粮食丰收的重要意义，切实增强打赢"虫口夺粮"攻坚战的责任感、使命感、紧迫感，一方面增加苗情促壮措施和资金补贴力度，另一方面加大病虫害防治和防灾减灾的资金支持力度，大力推进小麦病虫害统防统治工作。全国农业技术推广服务中心组织遴选了涵盖 1 069 个县，3 670 个年服务能力超万亩的专业化防治服务组织，重点承担政府购买防治服务，很好地控制了病虫危害，为夏粮丰收再立新功。小麦实施统防统治面积 57 952.18 万亩次，统防统治覆盖率高达 47.2%，很好地体现了统防统治在打赢夏粮"虫口夺粮"攻坚战中发挥的重大作用。

（二）取得成效

2022 年全国专业化服务组织数量 93 267 个，在农业部门建档立卡的防治服务组织达到 56 428 个，从业人员 131 万人，拥有大中型药械 73.25 万台，日作业能力达到 1.36 亿亩。三大粮食作物实施专业化统防统治面积达到 18.79 亿亩次，专业化统防统治覆盖率达到 43.6％，比上年提高 1.2 个百分点。各地实践表明，专业化统防统治可提高防效 5～10 个百分点，每季可减少防治 1～2 次，降低化学农药使用量 20％以上。通过实施专业化统防统治，早、晚稻两季比农民自防亩均减损保产 200 斤以上，一季稻 150 斤以上；小麦亩均减损保产效果达 60 斤以上。

（三）原因分析

统防统治覆盖率提高的主要原因，一是各地加大了对小麦病虫害防治的投入，包括小麦"一喷三防"资金和地方政府购买防治服务的资金。由于 2022 年春季，小麦苗情普遍偏弱，农业农村部开展了下沉一线包省包片夺夏粮小麦丰收行动，各地一方面增加苗情促壮措施和资金补贴力度，另一方面加大病虫害防治和防灾减灾的资金支持力度，小麦实施统防统治的面积明显增加，统防统治覆盖率到达 47.2％。二是防治服务组织数量虽有所减少，但防治服务组织的兼并重组增多，很多小的防治服务组织加入大的组织，成为他们的村级服务站，大的防治服务组织新购进高效施药机械增加，防治服务能力提升。如全国在用的植保无人机约 15.75 万架，较上年增加 30％，防治面积增加 54％。其中大多数是防治服务组织购进，防治服务能力提升，服务面积扩大。

部分省份发展较慢的主要原因，一是这些省份的政策扶持力度不够，没有出台实质性扶持政策，各级农业部门推进专业化统防统治工作的热情有所放缓。二是种植规模偏小，农户参与统防统治的积极性不高，一方面不适应大型高效植保机械作业，另一方面防治服务难以集中连片，限制了防治服务组织服务能力的提升。三是由于防治组织承担的风险大，存在后顾之忧，影响了社会资本进入的积极性，也影响了防治组织扩大服务规模的意愿。

（四）下一步推进工作措施

各级农业部门要把全面推进专业化统防统治、提升重大病虫害防控能力作为农业现代化的切入口和突破口，全方位夯实粮食安全根基。将专业化防治服务组织作为农作物病虫害防治体系的中坚力量发展壮大，以规范管理、强化服务为突破口，以加强引导、加大投入为保障，以提升装备水平、增加经济效益为切入点，以提升重大病虫可持续防控能力为目标，鼓励、引导服务组织多元化、服务模式多样化、扶持措施多渠道，构建协调完善的防治服务体系，不断拓宽服务领域和服务范围，全面推进农作物病虫害专业化防治服务健康发展。

一要利用专项资金并积极争取有关农业项目，为开展病虫害承包防治服务的专业化防治组织配备绿色防控设备。引导专业化防治服务组织开展生态治理、健康栽培，应用生物防治、物理防治等绿色防控技术，应用先进高效施药机械和科学用药技术，改变病虫防控就是用药防治的狭隘观念，培养他们的综合防治理念，真正将综合防治落到实处，实现病虫害可持续防控。

二要积极争取将高效施药机械当作特殊农机，单独制定补贴政策，提高补贴比例。鼓励地方积极争取，通过多种形式累加高效施药机械的补贴。研发适合我国病虫害防治和作物种植特点的高效、对靶性强、农药利用率高、质优价廉的植保机械。下大力气变革种植模式，为防治组织提升效益"铺路"。组织栽培与植保方面的专家，共同研究适合高效自走式喷杆喷雾机下地作业的高产栽培模式，提升农业现代化水平。

三要积极争取政府购买服务、资金、物资补助等方式来扶持和促进专业化防治服务发展，做大做强。充分利用政府购买服务的影响力和优势，选择服务规范且服务能力强的防治组织，引领本地区专业化防治服务的发展方向。

四要化解防治服务组织后顾之忧，吸引社会资本参与。争取出台暴发性病虫害的政策性保险，设立重大病虫害防治物资的储备制度，争取免税和低息贷款等扶持政策等。

第六章

植保防灾减灾能力建设

一、植保配套规章制定

（一）推动出台《关于加强基层动植物疫病防控体系建设的意见》

为稳定基层机构体系，推动农业农村部、中央编办于 2022 年 1 月出台了《关于加强基层动植物疫病防控体系建设的意见》，跟踪调度落实情况，召开推进落实视频会，布置推进落实工作。截至当年年底，已有 20 个省份出台实施方案，基层植保机构和人员数量增加近 10%。

（二）制定发布《一类农作物病虫害监测调查方法》

依据或参照农作物病虫害测报调查技术规范国家标准或行业标准，结合农作物重大病虫害数字化监测预警系统中监测点布局和流程化填报任务，印发了《一类农作物病虫害监测调查方法》。按照 2021 年 3 月农业农村部发布的《一类农作物病虫害名录》涉及的 13 种类，详细规定了系统监测、大田（重点）调查和信息报送的具体技术方法、内容和流程，为全国农作物病虫害监测区域站、全国植物疫情监测点、省级农作物病虫害监测重点站提供了技术要点和工作规范，并带动各省各地制定实施二、三类病虫害监测调查方法，从而贯彻分类管理、落实属地责任，实现行业引领、齐抓共管。

二、植保植检标准制修订

（一）农作物病虫害监测设备技术参数与性能要求

标准号：NY/T 4182—2022

发布单位：中华人民共和国农业农村部

发布时间：2022 - 11 - 11   实施时间：2023 - 03 - 01

主要内容：界定了农作物病虫害检测设备、农作物病虫害物联网监测设备、技术参数、性能要求、图片采集率、图片识别计数准确率、性诱目标害虫诱集比率、性诱自动计数准确率的术语和定义，规定了常规测报灯、智能测报灯、高空测报灯、常规性诱监测设备、自动计数性诱监测设备、病虫观测场远程实时监测设备、田间气象自动观测设备及基于气象因子的流行性病害预报器、农作物有害生物监控信息系统的参数和性能等内容。适用于规范农作物病虫害监测设备的参数和性能。

（二）小麦土传病毒病防控技术规程

标准号：NY/T 4071—2022

发布单位：中华人民共和国农业农村部

发布时间：2022 - 07 - 11   实施时间：2022 - 10 - 01

主要内容：界定了小麦土传病毒病（*Wheat soil - borne mosaic virus disease*）、小麦黄花叶病毒（*Wheat yellow mosaic virus*）、中国小麦花叶病毒（*Chinese wheat mosaic virus*）的术语和定义，确立了小麦土传病毒病的防控原则，提供了防控时期与防控措施等。适用于我国冬麦区小麦土传病毒病的防控。

（三）棉花枯萎病测报技术规范

标准号：NY/T 4072—2022

发布单位：中华人民共和国农业农村部

发布时间：2022 - 07 - 11   实施时间：2022 - 10 - 01

主要内容：界定了棉花枯萎病测报相关术语和定义，规定了棉花枯萎病病情记载和计算方法、病情系统调查和病情普查时间、地点和方法，以及发生预测方法、数据收集汇总和报送方式等。适用于棉花枯萎病的测报调查和预报。

（四）小麦茎基腐病测报技术规范

标准号：NY/T 4179—2022

发布单位：中华人民共和国农业农村部

发布时间：2022－11－11　　实施时间：2023－03－01

主要内容：规定了小麦茎基腐病发病程度记载项目，小麦茎基腐病发生程度0～5级的分级指标，病情系统调查和普查方法、预测方法、数据汇总和汇报方法的要求。适用于小麦茎基腐病的测报调查和预测预报。

（五）梨火疫病监测规范

标准号：NY/T 4180—2022

发布单位：中华人民共和国农业农村部

发布时间：2022－11－11　　实施时间：2023－03－01

主要内容：界定了梨火疫病、梨火疫病菌（*Erwinia amylovora* Burrill et al.）的术语和定义，规定了梨火疫病田间监测原理、区域及植物、时期、方法、诊断、报告、样品与菌株的保存处理等。适用于梨火疫病的田间监测。

（六）草地贪夜蛾抗药性监测技术规程

标准号：NY/T 4181—2022

发布单位：中华人民共和国农业农村部

发布时间：2022－11－11　　实施时间：2023－03－01

主要内容：界定了饲料药膜法、点滴法、叶片药膜法的术语和定义，规定了草地贪夜蛾［*Spodoptera frugiperda*（J. E. Smith）］抗性监测试验所需试剂与材料、仪器设备、试样、试验步骤以及数据统计与分析方法，抗药性水平评价分级标准，以及建立抗药性监测档案的方法等。适用于草地贪夜蛾对常用化学杀虫剂和 Bt 蛋白的抗性监测。

三、植保国际交流与合作

（一）开展《国际植物保护公约》履约活动

强化工作支撑，不断提升国际履约工作水平。配合种植业管理司，完善国际植保公约履约支撑工作机制，承接日常业务，植保植检国际合作取得新进展。一是圆满完成重要国际会议任务。选派人员参与《国际植物保护公约》第十六届缔约方大会、亚太植保委员会第三十二届会议，作为技术支撑单位，会前认真研究各项议题，制定参会方案，会议中积极表达中方关切，会后撰写报送报告。选派 8 人次参加国际植物保护公约、亚洲及太平洋植物保护委员会等国际组织举办的其他相关会议。二是积极参与国际标准制定。组织对 16 份国际植物检疫措施标准、标准实施和能力发展文件、国际植物检疫措施委员会建议等草案进行评议，派员参加亚太区域研讨会，沟通交流意见，最终报送 80 条国家评议意见，部分被采纳写入标准。完成 9 项国际标准中文稿审校，推进国际标准实施。三是积极推荐我国专家。向国际植物保护公约遴选推荐我国专家 21 人（次），其中 12 人（次）入选工作组、专家组，为近几年新高。推荐提名王晓亮为亚洲及太平洋植物保护委员会标准委员会委员，并成功当选。

（二）全球环境基金植保植检项目

2022 年，全国农业技术推广服务中心组织实施"中国全氟辛基硫磺及其盐类（PFOS）和全氟辛基磺酰氟（PFOSF）优先行业削减与淘汰项目"红火蚁子项目并结题。项目实施以来，在广东、广西、福建、海南、贵州、云南、江西共 7 个省份建设示范区 35 个，示范面积达到 2.5 万亩。及时维护更新"中国 PFOS 优先行业削减与淘汰项目"红火蚁防治子项目网站，保障网站正常运行。制作了时长约 15 分钟的《红火蚁危害与防控》专题宣传动画，在各大视频平台播放量达上百万次。项目编印红火蚁防控宣传挂图和培训教材，各地在重点地区广泛张贴，切实提升了基层技术人员和广大群众对红火蚁的识别能力。在项目支持下，更多的科研教学单位和企业参与红火蚁防控活动。一些项目省组建了本省红火蚁防控指导专家团队，开展发生传播规律等基础研究。一些企业加大防控技术产品研发力度，登记用于红火蚁防控的药剂种类大幅增加，项目期间新增加 23 种，智能监测、高效施药的技术产品也得到初步运用。还有一大批专业化防控服务组织通过承担项目任务，服务能力和水平显著提升，有望成为红火蚁持续治理的中坚力量。

（三）执行全球草地贪夜蛾防控行动项目

牵头完成联合国粮农组织（FAO）技术合作项目"减轻中国农村地区最脆弱人群同一健康威胁的应急响应项目（TCP/CPR/3801E）"任务，在草地贪夜蛾周年繁殖区云南、广西 2 省 6 县区组织开展农民田间学校（FFS）师资培训（TOT）。开展培训之前，云南、广西省级和基层植保机构对当地草地贪夜蛾监测防控工作现状进行了调研，了解其应用先进监测防控技术面临的困难及培训需求，两省结合当地实际，确定了培训内容和培训方式。培训过程中，注重参与式过程质量控制和评估，辅导员培训进行阶段评估、训前和训后测试；参训的技术人员成为合格的师资（辅导员）之后，具备组织开展参与式农民田间学校和培训农民的能力。农民田间学校具有训前和训后测试、开班及结业仪式、访谈、演讲、展板展示、田间调查、相关企业或合作社调研等内容。通过培训合格师资，具备组织开展参与式农民田间学校和培训农民的能力，为提高草地贪夜蛾的防控能力奠定了基础。

此外，全国农业技术推广服务中心作为全球草地贪夜蛾防控行动东北亚区域示范国家联络点，2022 年参与亚洲和北非区域年中会议、亚洲和太平洋地区年度总结会，发表国家报告 2 次，广泛宣传中国全体系全网监测、分区域各层级防控草地贪夜蛾的经验和成效，多次得到 FAO 植物生产与保护司司长兼全球草地贪夜蛾防控行动秘书长夏敬源先生的肯定和赞扬，为推进全球草地贪夜蛾防控行动提供了中国方案。

（四）开展植保植检多边（双边）合作

执行中韩水稻迁飞性害虫与病毒病监测合作项目。2022 年是全国农业技术推广服务中心与韩国农村振兴厅《中韩水稻迁飞性害虫与病毒病监测合作项目（2018—2022年）》第四期合作协议实施的收官之年，双方克服新冠肺炎疫情影响，通过监测点管理、专家讨论、病虫情信息交流、视频工作会议等方式加强沟通、深度合作，顺利完成年度任务。为进一步加强合作，全国农业技术推广服务中心与韩国农村振兴厅、越南植物保护研究所签订《中越韩水稻迁飞性害虫与病毒病监测合作项目协议（2023—2027年）》，扩大了合作的深度和广度。新一期的项目拟通过加强合作，进一步提高对褐飞虱、白背飞虱、稻纵卷叶螟等迁飞性害虫的中长期预报能力，增强迁飞性害虫的应对能力。

附 录

2022年全国植保植检工作大事记

1月

1月7日，农业农村部、中央机构编制委员会办公室联合印发《关于加强基层动植物疫病防控体系建设的意见》（农人发〔2022〕1号），明确基层动植物疫病防控体系建设的总体要求、工作任务、主要措施，确保"活有人干、事有人管"。

1月18日，种植业管理司会同全国农业技术推广服务中心通过线上、线下相结合的形式，召开大豆玉米带状复合种植除草剂科学选用专题研讨会。会议要求各地结合当地种植实际，尽快制定除草剂科学安全施用方案，加强服务指导，确保不出现药害、不造成减产。

1月30日，农业农村部办公厅印发《"两增两减"虫口夺粮促丰收行动方案》，明确增加统防统治、绿色防控覆盖率，减少病虫危害损失、化学农药使用量的思路目标，并对5亿亩次重大病虫统防统治任务进行分配。

2月

2月11日，农业农村部办公厅印发《关于落实〈关于加强基层动植物疫病防控体系建设的意见〉有关工作通知》，贯彻落实农业农村部、中央机构编制委员会办公室联合印发的《关于加强基层动植物疫病防控体系建设的意见》，提出全面摸清底数、科学制定方案、及时调度进展、加强工作指导等要求。

2月13日，全国春季农业生产暨加强冬小麦田间管理工作会议在山东召开，国务院总理李克强对会议作出重要批示，要求做好病虫害防控和极端天气应对防范，力争夏粮再获丰收。

2月17日，全国农业技术推广服务中心在京组织召开了2022年度全国农作物重大病虫害防控技术方案专家网络会商会，审定了本年度全国粮食作物重大病虫害防控技术方案和油料等经济作物病虫害绿色防控技术方案等系列配套技术方案。

3月

3月8日，全国农业技术推广服务中心组织开展全国绿色防控技术示范区专家评审活动，初步评审出2022年全国绿色防控技术示范区100个。

3月11日，种植业管理司会同全国农业技术推广服务中心召开春季小麦条锈病防控工作视频会，组织冀、鲁、豫、苏、皖等12个小麦主产省交流小麦条锈病等病虫害发生防控情况，研判发生形势，动员安排防控工作。会议邀请西北农林科技大学康振生院士、河南农业大学李洪连教授做防控技术指导。

3月11日，为贯彻落实中央一号文件"全力抓好粮食生产和重要农产品供给"要求，全国农业技术推广服务中心组织制定了水稻细菌性条斑病、玉米褪绿斑驳病毒病、马铃薯金线虫和大豆疫病防控技术方案。

3月18日，种植业管理司会同全国农业技术推广服务中心在线召开2022年全国红火蚁春季防控推进会，部署推进2022年春季防控行动。

3月23日，李克强总理到农业农村部调研指导，种植业管理司潘文博司长汇报病虫害等发生防控情况。

3月23日，全国农业技术推广服务中心发文启动农作物重大病虫害防控"百千万"技术指导行动，要求在病虫害防控关键时期，分别组织部级100人次、省级1 000人次和地县级10 000人次植保技术人员深入生产一线，开展农作物重大病虫害防控技术指导行动。

3月24日，种植业管理司采用视频连线方式查看河北省邯郸永年区、石家庄高邑县等小麦苗情、病虫情，与一线技术人员交流病虫害发生防控情况。

3月30日，种植业管理司与河南、湖北、四川3省视频连线，听取省级和唐河、邓州、正阳，仙桃、公安、襄州，广汉、梓潼等（县、市）有关负责人介绍小麦病虫害发生防控情况和苗情长势。

4月

4月1日，种植业管理司与山东、陕西、甘肃3省视频连线，听取省级和鄄城、商河，陈仓、兴平，武都、泾川等（县、市）有关负责人介绍小麦病虫害发生防控情况和苗情长势。

4月2日，种植业管理司与江苏、安徽2省视频连线，听取省级和兴化市、宜兴市、萧县、太和县等（县、市）有关负责人介绍小麦病虫害发生防控情况和苗情长势。

4月5日，朱恩林一级巡视员率团会同海关总署、国家林业和草原局等参加 CPM〔联合国粮农组织、（FAO）植物检疫措施委员会〕第16届会议。

4月8日，全国农业技术推广服务中心组织召开全国小麦中后期重大病虫害暨草地贪夜蛾发生趋势视频会商会。会议交流了小麦重大病虫害和草地贪夜蛾前期发生情况，会商分析了下阶段发生趋势。

4月15日，种植业管理司召开小麦穗期重大病虫防控工作视频会，线上观看江苏、安徽、河南、湖北田间防控作业现场，听取基层一线有关负责人做情况介绍，动员安排小麦穗期重大病虫害防控工作。

4月15日，农业农村部印发明电《农业农村部关于加强当前小麦条锈病赤霉病防治工作的通知》，要求各地强化责任落实，打通防控工作堵点，及时组织防治行动，强化技术指导服务，确保"虫口夺粮"保丰收。

4月22日，农业农村部种植业管理司印发《关于投放2022年度国家救灾农药储备的通知》，安排储备企业及时做好向小麦主产区、春玉米主产区和长江流域各水稻主产区有序投放国家救灾储备农药工作。

4月22日、28日，农业农村部先后两次联合中国气象局在中央电视台综合频道《天气预报》栏目发布赤霉病流行趋势预警信息，指导各地加强小麦赤霉病防控。

4月28日，为贯彻落实国务院常务会议精神以及有关部署要求，农业农村部会同财政部下发《农业农村部　财政部关于全面落实小麦"一喷三防"政策措施的通知》明电，要求各地提高政治站位，加强组织领导，把"一喷三防"作为小麦收获前最关键的田间管理措施，努力赢得夏粮和全年粮食丰收主动权。

4月29日，种植业管理司会同全国农业技术推广服务中心、大豆病虫害防控重点实验室召开大豆"症青"防控工作研讨视频会，研讨造成大豆"症青"的生物因素和非生物因素。要求各地从保障大豆生产和产业安全的高度，加强监测预警，推行统防统治，强化试验示范，做好应急准备，及时控制大豆"症青"危害。

5月

5月12日，种植业管理司召开"一喷三防"补贴政策和措施落实视频调度会，调度了解河北、山西、江苏、安徽、山东、河南、陕西7省措施落实情况及当前存在的问题，并对下一步工作进行动员部署。

5月12日，全国农业技术推广服务中心与韩国农村振兴厅共同召开中韩水稻迁飞性害虫及病毒病监测合作项目2022年工作落实研讨视频会。

5月24日，种植业管理司会同全国农业技术推广服务中心召开2022年全国早稻病虫害暨草地贪夜蛾发生趋势会商会，交流当前病虫害发生情况，组织农科教方面专家分析研判发生形势，动员安排监测防控工作。

5月31日，种植业管理司会同全国农业技术推广服务中心在线组织召开了2022年度全国蝗虫发生趋势会商会，交流各主要蝗区蝗虫发生动态，分析研判东亚飞蝗夏蝗发生趋势，安排部署蝗虫的监测防控指导工作。

6月

6月8日，全国农业技术推广服务中心与联合国粮农组织通过视频方式组织召开草地贪夜蛾全球防控行动亚洲和北非区域2022年年中会。

6月28日，种植业管理司召开早稻病虫害防控视频连线会，调度江西、湖南、广东、广西等早稻主产省份病虫害发生情况、防控进展，连线田间地头，查看防控效果，听取基层植保人员介绍有关情况，并对监测防控工作进行再动员、再部署。

6月30日，种植业管理司印发《关于开展大豆玉米带状复合种植除草剂使用调研指导的通知》，于7月派出6个调研指导组赴12个重点省份开展大豆玉米带状复合种植除草剂使用调研指导。

7月

7月4日，全国农业技术推广服务中心印发《一类农作物病虫害监测调查方法》。

7月6—12日，全国农业技术推广服务中心与南京农业大学植物保护学院共同举办第四十四期全国农作物病虫测报技术培训班。

7月11日，全国农业技术推广服务中心发文公布首批100个全国农作物病虫害绿色防控示范基地，大力推进绿色防控技术模式集成应用，全面提升绿色防控能力。

7月14—15日，全国农业技术推广服务中心在宁夏银川组织召开2022年全国秋粮重大病虫害发生趋势会商会。交流玉米、中晚稻和马铃薯重大病虫害前期发生动态和发生特点，重点分析了秋粮病虫发生基数和气象趋势，分析研判下半年玉米、中晚稻和马铃薯重大病虫害发生趋势，安排部署了监测预警工作。

7月26日，全国农业技术推广服务中心在山东省济南市举办"三棵菜"病虫害绿色防控暨植物诱导免疫技术培训班，推动提升"三棵菜"（豇豆、韭菜、芹菜）质量安全水平，重点推广植物诱导免疫等绿色防控技术在蔬菜等作物上的应用。

7月26—27日，全国农业技术推广服务中心在黑龙江省黑河市召开2022年全国农业植物检疫性有害生物联合监测与防控协作组会，总结交流重大农业植物疫情联合监测与防控经验，安排部署下一阶段防控任务。

7月27—28日，种植业管理司在陕西省西安市召开小麦病虫害防控总结暨草地贪夜蛾防控工作会，总结交流小麦重大病虫害防控成效和经验，研判草地贪夜蛾发生形势，安排草地贪夜蛾防控工作。

7月29日，国务院常务会部署毫不放松抓好秋粮生产，确保实现全年粮食丰收，提出有效防范旱涝、病虫害等灾害等要求。同日，农业农村部常务会传达学习国务院常务会议精神，要求抓好草地贪夜蛾"三区四带"布防、水稻"两迁"害虫跨区联合监测、境外蝗虫入侵等重大病虫防控工作，努力实现"虫口夺粮"。

8月

8月3日，种植业管理司在河南省许昌市召开大豆"症青"防控现场会，观摩大豆"症青"试验示范和统防统治作业现场，交流各地监测防控工作开展情况，分析大豆"症青"发生形势，研讨优化防控对策措施，进一步动员部署监测防控工作。

8月4日，农业农村部农作物病虫害应急防控飞防大队在河南安阳揭牌成立。

8月11日，种植业管理司会同全国农业技术推广服务中心召开中晚稻病虫害发生趋势视频会，交流分析水稻"两迁"害虫等重大病虫害发生情况，动员安排监测防控工作。

8月12日，种植业管理司印发《关于加强中晚稻重大病虫害防控工作的通知》，对水稻"两迁"害虫以及二化螟、稻瘟病等病虫害防控工作做出部署。

8月18日，种植业管理司会同全国农业技术推广服务中心在湖南省长沙市召开全国秋季重大病虫害防控现场会，交流各地重大病虫发生防控情况，分析研判下一阶段发生态势，动员部署监测防控工作，要求各地落实落细防控措施，全力以赴打好防控攻坚战，实现"虫口夺粮"保丰收。

8月25日，种植业管理司会同全国农业技术推广服务中心、北京市农业农村局等单位，赴草地贪夜蛾迁飞最北界——北京市平谷区大兴庄镇实地调研草地贪夜蛾发生情况。

9月

9月2日，种植业管理司印发《关于开展秋粮作物重大病虫害防控调研指导工作的通知》，派出 5 个工作组，赴浙江、江西、山东、湖北、广西等省份开展调研指导。

9 月 7 日，种植业管理司召开秋粮病虫害防控补助资金支出进度调度视频会，吉林、福建、江西、山东、湖南、广东、广西、海南等省份和重点县市参会。

9 月 27 日，种植业管理司召开加强农药安全使用指导工作视频会，交流推进农药安全使用管理措施，分析研判种植业领域农药安全使用风险，安排部署下一步措施。

9 月 28 日，全国农业技术推广服务中心在江西省举办了全国水稻螟虫综合防控技术培训班，开展水稻螟虫发生规律、昆虫信息素应用等新技术培训，加快水稻病虫害绿色防控关键技术的推广应用。

10 月

10 月 11 日，全国农业技术推广服务中心在线上召开 2022 年全国红火蚁秋季防控推进会，总结交流春季防控进展、当前发生情况、资金使用情况，分析研判红火蚁发生危害及扩散蔓延形势，安排部署秋季防控工作。

11 月

11 月 9 日，中韩越水稻迁飞性害虫及病毒病监测项目 2022 年总结会以线上线下相结合的方式召开。会议交流了 2022 年三国水稻迁飞性害虫及病毒病发生形势，总结了中-韩项目第四期合作成果以及越-韩项目第一期开展情况，讨论了下阶段工作重点。

11 月 10—11 日，全国农业技术推广服务中心组织召开 2022 年全国植保（植检）站（局）长会议。系统总结各地推进基层植保体系建设情况，研讨植保体系建设发展思路，分析交流"十四五"开局阶段植保植检工作做法与成效及存在的问题。

11 月 16 日，农业农村部印发《到 2025 年化学农药减量化行动方案》，分析农药使用现状和形势，明确"十四五"化学农药减量化目标任务，提出"替、精、统、综"四条技术路径，以及开展病虫监测预报、绿色防控、专业化防治、农药使用监测评估、安全用药推广普及、农药使用监督管理共六项重点任务。

11 月 30 日，全国农业技术推广服务中心组织制定并印发了《豇豆减药控残绿色防控技术指导意见》《冬春季豇豆病虫害绿色防控技术集成示范方案》等文件。

11 月 25 日，全国农业技术推广服务中心与中国农业科学院植物保护研究所共同主办 2022 年全国棉花病虫害测报防治技术培训班。

12 月

12 月 2 日，全国农业技术推广服务中心在京组织召开 2022 年度全国农作物病虫害防控植保贡献率评价报告专家论证会，专家组充分肯定了开展农作物病虫害防控植保贡献率评价工作的意义，一致认为评价结果客观地反映了本年度全国农作物病虫害的防控成效。

12月8日，种植业管理司召开冬季小麦油菜病虫害发生防控视频调度会，调度湖北、湖南、河南、四川等主产省份小麦、油菜病虫害发生防控情况。

12月9日，全国农业技术推广服务中心组织召开2023年全国农作物重大病虫害发生趋势网络会商会，总结了2022年全国农作物重大病虫害发生情况，会商了2023年发生趋势，部署了监测预警重点工作。

12月15日，全国农业技术推广服务中心组织召开2022年全国农作物病虫害防控工作总结及绿色防控视频会，总结交流了工作经验和成效，同期举办了第一届绿色防控高峰论坛，邀请全国知名专家围绕绿色防控技术进展、工作重点、推进策略等开展交流与研讨，为推进绿色防控发展开阔了思路。

12月16日，种植业管理司印发《关于加强冬季和早春小麦油菜病虫害查治工作的通知》，要求各地切实提高认识，加强监测预警，推行科学防控，强化指导服务，努力赢取明年春季"虫口夺粮"保丰收主动权。

12月18日，种植业管理司召开油菜病虫害防控专家研讨会，组织农科教方面专家分析冬油菜病虫害发生形势，研究防控对策措施。

12月21日，全国农业技术推广服务中心印发《长江流域冬油菜病虫害防治技术指导意见》，提出防控策略，细化防控措施以及保护蜜蜂等注意事项。

12月23日，全国农业技术推广服务中心举办全国小麦油菜病虫害防控技术视频培训班，邀请康振生院士等知名专家重点培训了小麦油菜主要病虫发生危害特点和防控技术要点，增强了基层农技人员防控能力和水平。

12月30日，种植业管理司召开全国植保体系建设推进落实视频会，督促指导各地加快落实农业农村部、中央机构编制委员会办公室《关于加强基层动植物疫病防控体系建设的意见》要求，健全机构队伍，配齐配强专业人员，确保植保体系队伍只能加强不能削弱，夯实"虫口夺粮"保丰收和生物安全风险防范基础。

12月31日，农民日报头版报道了2022年农作物重大病虫害防控主要进展和取得的显著成效，得到植保体系的高度关注和社会各界的好评。

图书在版编目（CIP）数据

2022年中国植保减灾发展报告 / 农业农村部种植业
管理司，全国农业技术推广服务中心编. -- 北京：中国
农业出版社，2024. 5. -- ISBN 978-7-109-32321-6

Ⅰ. S435

中国国家版本馆 CIP 数据核字第 2024SH0303 号

中国农业出版社出版

地址：北京市朝阳区麦子店街 18 号楼
邮编：100125
责任编辑：阎莎莎　杨彦君
版式设计：王　晨　　责任校对：吴丽婷
印刷：中农印务有限公司
版次：2024 年 5 月第 1 版
印次：2024 年 5 月北京第 1 次印刷
发行：新华书店北京发行所
开本：880mm×1194mm　1/16
印张：9
字数：163 千字
定价：78.00 元